中等职业教育课程改革国家规划新教材配套教学用书
全国中等职业教育教材审定委员会审定

供中职护理、助产、医学检验技术、口腔修复工艺、医学影像技术、眼视光与配镜、营养与保健、美容美体等专业使用

化学学习指导与实验

（医药卫生类）

第 2 版

HUAXUE XUEXI ZHIDAO YU SHIYAN

主　编　丁宏伟

副主编　侯晓红　李　勤　张春梅

编　者　（按姓氏汉语拼音排序）

U0263467

丁宏伟（安徽省淮南卫生学校）

冯文静（吕梁市卫生学校）

郭　敏（西安市卫生学校）

侯晓红（太原市卫生学校）

李　勤（重庆市医药卫生学校）

栗　源（包头市卫生学校）

陆　梅（安徽省淮南卫生学校）

瞿川岚（四川省宜宾卫生学校）

舒　雷（云南省临沧卫生学校）

张春梅（秦皇岛市卫生学校）

张自悟（首都医科大学附属卫生学校）

科 学 出 版 社

北 京

内 容 简 介

本书经全国中等职业教育教材审定委员会审定为中等职业教育课程改革国家规划新教材配套教学用书，也是科学出版社组织编写的全国中等职业教育数字化课程建设规划教材《化学（第3版）》的配套教材，分为化学学习指导与化学实验两大部分，是一本简洁实用的学习指导教材。化学学习指导依据《化学（第3版）》教学基本要求，与《化学（第3版）》教材内容同步，以节为单元，分为五个结构模块，"学习目标导航""学习重点与难点""相关知识链接""教材内容精解""学习目标检测"。化学实验部分紧扣《化学（第3版）》教材内容，精选编写了8个类别不同、难度不等的实验，用于化学实践教学。

本书可供中职护理、助产、医学检验技术、口腔修复工艺、医学影像技术、眼视光与配镜、营养与保健、美容美体等专业使用。

图书在版编目（CIP）数据

化学学习指导与实验：医药卫生类 / 丁宏伟主编. —2版. —北京：科学出版社，2018.6

中等职业教育课程改革国家规划新教材配套教学用书

ISBN 978-7-03-055912-8

Ⅰ. 化… Ⅱ. 丁… Ⅲ. 化学实验-中等专业学校-教材 Ⅳ. 06-3

中国版本图书馆 CIP 数据核字（2017）第 308344 号

责任编辑：张立丽 李丽娇 / 责任校对：樊雅琼
责任印制：李 彤 / 封面设计：铭轩堂

科 学 出 版 社 出版

北京东黄城根北街 16 号
邮政编码：100717
http://www.sciencep.com

北京华宇信诺印刷有限公司印刷
科学出版社发行 各地新华书店经销

*

2010 年 8 月第 一 版 开本：787×1092 1/16
2018 年 6 月第 二 版 印张：9 1/2
2024 年 8 月第十四次印刷 字数：225 000

定价：25.00 元
（如有印装质量问题，我社负责调换）

中等职业教育数字化课程建设教材

编审委员会

中等职业教育数字化课程建设教材

党的十九大对优先发展教育事业，加快教育现代化，办好人民满意的教育做出了部署，对发展职业教育提出了新的要求——完善职业教育和培训体系，加快实现职业教育的现代化，深化体制机制改革，加强师德建设，深化产教融合、校企合作，提升职业教育开放水平和影响力。为我国新时代职业教育和继续教育指明了方向，明确了任务。

科学出版社深入贯彻党的十九大精神，积极落实教育部最新《中等职业学校专业教学标准（试行）》要求，并结合我国医药类职业院校当前的教学需求，组织全国多家医药职业院校专家编写了本套教材，具有以下特点。

1. 新形态教材　本套教材是以纸质教材为核心，通过互联网尤其是移动互联网，将各类教学资源与纸质教材相融合的一种教材建设的新形态。读者可通过中科云教育平台，快速实现图片、音频、视频、3D 模型等多种形式教学资源的共享，并可在线浏览重点、考点及对应习题，促进教学活动的高效开展。

2. 对接岗位需求　本套教材中依据科目的需要，增设了大量的案例和实训、实验及护理操作视频，以期让学生尽早了解护理工作内容，培养学生学习兴趣和岗位适应能力。教材中知识链接的设置，旨在扩大学生知识面，鼓励学生探索钻研专业知识，不断进步，更好地对接岗位需求。

3. 切合护考大纲　本套教材紧扣最新"国家护士执业资格考试大纲"的相关标准，清晰标注考点，并针对每个考点配以试题及相应解析，便于学生巩固所学知识，及早与护考接轨，适应护理职业岗位需求。

《化学学习指导与实验（第 2 版）》经全国中等职业教育教材审定委员会审定为中等职业教育课程改革国家规划新教材配套教学用书，也是全国中等职业教育数字化课程建设规划教材《化学（第 3 版）》的配套教材，主要内容分为化学学习指导与化学实验两大部分。

一、化学学习指导

化学学习指导在编撰中依据《化学（第 3 版）》教学基本要求，与《化学（第 3 版）》教材的内容完全匹配，以化学基础知识、基本理论和基本技能的综合运用为主线，以节为单元，分为五个结构模块：学习目标导航、学习重点与难点、相关知识链接、教材内容精解和学习目标检测。

（一）学习目标导航

学习目标根据知识点的重要程度分为掌握、熟悉和了解三个层次。掌握的内容是教材中最重要的知识点，是教学的重点。熟悉的内容是教材中次重要的知识点，了解的内容是教材中一般的知识点。

学习目标导航的功能主要有三方面：一是导学，确定教学范围、教学内容、教学重点，引导学生自主、积极地参与到教学过程中；二是导教，确定教师将采取的教学步骤、教学环节及每个步骤或环节将采取的教学活动；三是导测量，明确学生要达到的学习要求或水平，为学生自我检测提供标准和依据。

（二）学习重点与难点

把每节的教学重点和难点列出，便于教师突出教学重点内容，突破教学难点内容；有利于学生明确学习重点，知晓学习难点。

（三）相关知识链接

相关知识链接主要是学习本节的前提知识，整理的部分内容是学生在初中或教材前面章节已学过的知识，部分内容是学生虽然没学过但对本节知识的学习是必备的基础知识及与本节内容相关的课外知识。

通过整理复习，进一步理解巩固学过的知识，使学生所学知识系统化、网络化；经过知识回顾的全过程，学习整理知识的方法，提高学生归纳整理知识的能力和综合解决问题的能力；在对知识整理与复习的过程中，养成学生回顾与反思的习惯，增强学好化学的信心。

（四）教材内容精解

教材内容精解是对教材中重点、难点、要点知识进行精要讲解，做到精准透彻，帮助学生梳理知识脉络、理解知识，掌握教材重要知识点。内容精解结合实际，有引导、有启发，针对性强，有利于学生更好地学习和理解教材内容及综合应用知识。

（五）学习目标检测

学习目标检测紧扣教学目标，围绕每节教学的重点、难点精心编写多种检测题进行训练，以使学生巩固知识、发展智力及提高能力。在书后附有学习目标检测参考答案，参考答案便于学生在学习过程中自我检测学习效果。

二、化学实验

化学是一门以实验为基础的自然科学。本书根据《化学（第3版）》教学大纲，紧扣《化学（第3版）》教材内容，精选编写了8个类别不同、难度不等的化学实验。实验是学习化学、体验化学和探究化学性质的重要途径。在实验中可观察到许多生动有趣的化学反应现象，知晓大量物质变化的事实，加深对化学知识的理解。通过实验可培养和提高动手动脑及解决问题的能力，培养实事求是的科学态度和严谨认真的学风。

化学实验设置了实验目标、实验准备、实验学时、实验方法与结果、实验评价等项目，指导学生理论联系实际，进行实验技能操作，探究化学知识，为学习医学课程奠定必要的基础。

本教材实行主编负责制，按照主编策划、分工编写、主编修改统稿的原则进行。教材在编撰过程中参考了相关书籍和资料，得到了编者所在学校的大力支持，在此表示诚挚的谢意！

编撰适合职业学校学生使用的化学学习指导教材对全体编者是一项新的挑战，由于参考文献的不足，各位编者在编撰时及主编在修改统稿过程中都花费了相当大的精力，下了很大的工夫，旨在为学生提供一本简洁实用的学习指导教材。我们相信本教材作为《化学（第3版）》的配套教材一定会为广大学生学习化学提供很大的帮助。

尽管主编和编者全力以赴力求使本教材成为优质的配套教材，但由于水平所限，时间仓促，书中疏漏之处在所难免，恳请广大师生和教学研究人员在使用教材的过程中提出意见和建议，以便修订完善。

编　者

2018年2月

目 录 MU LU

第1章

卤　素

第1节　氯　气

一、学习目标导航

1. 熟悉氯气的组成和氯原子的结构。
2. 了解氯气的性质。
3. 了解卤素包含的元素及卤素希腊原文含义。

二、学习重点与难点

1. 本节学习重点是氯气的组成及氯原子的结构。
2. 本节学习难点是氯水及漂白粉具有漂白作用的原理。

三、相关知识链接

（一）原子结构示意简图

原子结构示意简图是表示原子核、核内质子数、电子层及各电子层上电子数的图示。现

以氯原子结构示意图 $\left(\!+17\right)$ 2 8 7 为例，具体说明如下：示意图中圆圈表示原子核；圈内"＋"

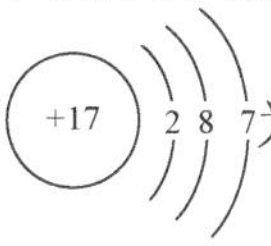

号表示质子所带电荷的性质；圈内数字"17"表示核内有 17 个质子；圈外弧线表示电子层，弧线中所夹数字为该电子层容纳的电子数目。

（二）电子层排布规律及元素的性质

（1）核外电子是分层排布的，从里到外依次为第一层～第七层。

（2）第一层最多容纳 2 个电子，第二层最多容纳 8 个电子，每层最多排 $2n^2$ 个电子（n 表示电子层数）。最外层不超过 8 个电子，最外层为 8 个电子的结构称为稳定结构（氦 2 个电子）。

（3）金属元素的原子最外层电子数目通常少于 4 个电子；非金属元素的原子最外层电子多于或等于 4 个电子（氢和氦例外）；稀有气体元素的原子最外层一般是 8 个电子（氦是 2 个电子）。

（4）在化学反应中，金属元素的原子比较容易失去最外层电子而使次外层变成 8 电子稳定结构；非金属元素的原子比较容易获得电子使最外层达到 8 电子稳定结构；稀有气体元素的原子最外层一般是 8 个电子（氦是 2 个电子）。

（5）元素的性质取决于原子的结构，主要取决于原子最外层上的电子数。原子结构不同，元素性质不同；原子结构相似，元素性质相似；原子结构发生规律性递变，元素性质发生规律性递变；原子结构相似的一族元素，在化学性质上表现出相似性和递变性。

（三）单质和化合物

1. 单质　只由一种元素组成的纯净物称为单质，如铁（Fe）、氯气（Cl_2）。

2. 化合物　由两种或两种以上元素组成的纯净物称为化合物，如水（H_2O）、氯化钾（KCl）、氯化钠（NaCl）等。

（四）混合物和纯净物

物质的种类，按其组成可分为混合物和纯净物。

混合物是由两种或多种物质混合而成的，这些物质相互间没有发生化学反应。混合物一般没有固定的组成，在混合物中各物质都保持各自的性质。例如，空气、石油、煤、天然气、水煤气、溶液、碱石灰等都是混合物。

纯净物是由一种物质组成的。与混合物不同，在纯净物中有固定的组成和性质。例如，氧气、水、二氧化碳、氯酸钾、氢氧化钠、高锰酸钾等都是纯净物。但绝对纯净的物质是没有的，通常所说的纯净物是指杂质含量极少的物质。

（五）共价键

共价键是化学键的一种，共价键是原子间通过共用电子对所形成的相互作用。氯气分子就是由氯原子和氯原子之间共用一对电子形成的分子，氯气分子的电子式为：$\overset{\times\times}{\underset{\cdots}{Cl}}\overset{\times\times}{\underset{\times}{Cl}}$。

四、教材内容精解

"氯气"是本教材学生学习的第一个非金属单质，在教学中首先要引导学生理解氯原子结构和氯气分子的组成，在此基础上指导学生学习氯气的性质。

（一）物理性质

1. 氯水　氯气的水溶液称为氯水。常温下 1 体积水能溶解约 2 体积氯气。

2. 氯气的毒性　氯气是有强烈刺激性气味的有毒气体，吸入少量会使鼻、喉等黏膜受到刺激而发炎，引起胸部疼痛和咳嗽，吸入大量氯气会中毒致死。

（二）化学性质

1. 氯气与金属的反应

例如，

$$2Fe + 3Cl_2 \xrightarrow{\text{点燃}} 2FeCl_3$$
$$Cu + Cl_2 \xrightarrow{\text{高温}} CuCl_2$$

生成物 $FeCl_3$、$CuCl_2$ 中，氯的化合价为–1 价，铁和铜的化合价分别为 + 3 价和 + 2 价。对于可变化合价的金属，由于氯气的氧化能力很强，能把铁和铜氧化成高价态的离子。

2. 氯气与非金属的反应

与氯气反应的氢气要进行纯度的检验。生成的氯化氢气体溶于水称为氢氯酸，俗称**盐酸**。

3. 氯气与水的反应

$$Cl_2 + H_2O \longrightarrow HClO + HCl$$
$$\qquad\qquad\qquad\quad \text{次氯酸}$$

氯气的水溶液称为氯水。氯水中溶解的部分氯气能与水缓慢反应，生成盐酸和次氯酸。新制氯水呈黄绿色，久置氯水无色。

次氯酸有强氧化性，能杀菌消毒，有漂白作用。具有杀菌消毒、起漂白作用的是氯水中的次氯酸，而不是氯气。

次氯酸不稳定，易分解放出氧气，受到光照分解速度更快。

$$2HClO \xrightarrow{\text{光照}} 2HCl + O_2\uparrow$$

所以，新制的氯水会反应产生次氯酸，具有杀菌、漂白的作用，长久放置的氯水中次氯酸分解完毕会失去杀菌、漂白作用。

4. 氯气与碱的作用

工业生产漂白粉：

$$2Ca(OH)_2 + 2Cl_2 == Ca(ClO)_2 + CaCl_2 + 2H_2O$$

漂白粉是次氯酸钙[$Ca(ClO)_2$]和氯化钙的混合物，带有氯气的刺激性气味，其有效成分是次氯酸钙。漂白粉具有漂白作用，是因为漂白粉在水中、空气中或在酸中会产生次氯酸。因此，漂白粉与氯气的漂白作用原理相似。

应对氯气泄漏时，可以用浸有石灰水的毛巾捂住口鼻。

五、学习目标检测

（一）选择题

1. 下列说法正确的是（   ）。

    A. Cl_2 具有漂白性，能使润湿的有色布条褪色

    B. 漂白粉的有效成分是 $CaCl_2$，应密封保存

    C. 漂白粉在水中、裸露在空气中或在酸中都具有漂白作用

    D. Cl_2 没有毒性，大量吸入对人体无害

2. 与氯气发生反应时，产生白色烟雾的是（   ）。

    A. 氢气在氯气中燃烧

    B. 金属钠在氯气中燃烧

    C. 铁丝在氯气中燃烧

    D. 铜丝在氯气中燃烧

3. 下列氯化物不能用单质与氯气直接反应得到的是（   ）。

    A. HCl   B. $CuCl_2$ C. $FeCl_2$ D. NaCl

4. 下列有关 Cl_2 的叙述，说法正确的是（   ）。

    A. Cl_2 是无色无味气体

    B. Cl_2 与变价金属反应，生成高价金属氯化物

    C. 液氯和氯气不是同一物质

    D. 氯气不能用碱液吸收

5. 下列微粒或物质中，化学性质最活泼的是（　　　）。

  A. 氯离子　　　　B. 氯原子　　　　C. 氯气分子　　　　D. 液氯

6. 下列物质中含有氯分子的是（　　　）。

  A. 氯化钠溶液　　B. 新制氯水　　C. 漂白粉　　　　D. 盐酸

（二）填空题

1. 氯气是_____色_____气味的有毒气体。氯气的水溶液称为_____。

2. 画出氯原子的结构示意简图：_____。

3. 氯气与氢气反应生成的气体溶于水俗称_____。

4. 氯气与水反应，生成的_____（分子式）具有杀菌消毒、漂白的作用。

5. 漂白粉的有效成分是_____，其久置易失效的原因是_____。

（三）简答题

1. 用自来水养金鱼时，将水注入鱼缸前要在阳光下暴晒一段时间，目的是提高水中含氧量吗？请解释原因。

2. 氯气、氯水和盐酸都含有氯元素，它们都呈黄绿色吗？

3. 燃烧一定要有氧气参加吗？

第 2 节　卤 族 元 素

一、学习目标导航

1. 熟悉卤素原子结构及单质的物理性质。
2. 了解卤素单质的化学性质。
3. 了解卤离子的检验。

二、学习重点与难点

1. 本节学习重点是通过分析卤素原子的原子结构，认识卤素单质的物理性质及递变规律。
2. 本节学习难点是认识卤素单质化学性质的相似性和差异性。

三、相关知识链接

（一）元素周期表

将电子层数相同的元素，按原子序数递增顺序从左到右排成横行，再把不同横行中最外层电子数相同、性质相似的元素，按电子层数递增顺序从上到下排成纵列，这样制成的表称为元素周期表。

卤族元素在元素周期表的ⅦA族，称为第七主族。同主族元素从上到下，非金属性逐渐减弱。

（二）元素周期律

元素的性质随着原子序数的递增呈现的周期性变化规律称为元素周期律。

卤族元素随着核电核数依次增大，卤素单质的物理性质呈现出递变规律，卤素单质的化学性质呈现出相似性和差异性。

四、教材内容精解

（一）卤素的原子结构及单质的物理性质

分析教材表 1-1 卤族元素从 F 到 I 的原子结构示意图，卤素单质的物理性质呈现出递变规律：都有颜色和毒性；除 F_2 外，在水中的溶解度不大，但易溶于有机溶剂；颜色由浅到深；状态由气态到液态再到固态；密度由小到大；熔沸点由低到高；毒性由大到小；溶解度由大到小。

溴是常温下唯一的液态非金属单质，呈红棕色，有挥发性，应液封，低温保存，盛于细口带磨砂玻璃塞的棕色瓶中，实验室中用胶头滴管取用或用试剂瓶直接倾倒。

单质碘是紫黑色晶体，易升华，是人体的必需微量元素之一。

F_2、Cl_2、Br_2、I_2 都是双原子分子，一个分子由两个原子构成。

（二）卤素单质的化学性质

1. 与金属的反应　反应的剧烈程度按氟、氯、溴、碘的顺序依次减弱。非金属性逐渐减弱。

金属卤化物的稳定性按氟化物、氯化物、溴化物、碘化物的顺序依次递减。金属卤化物中卤素的化合价均为–1 价。

2. 与氢气的反应　分析教材表 1-2，可以看出：反应的剧烈程度按氟、氯、溴、碘的顺序依次减弱；生成气态氢化物的稳定性按氟化氢、氯化氢、溴化氢、碘化氢的顺序也依次减弱；生成的氢化物水溶液呈酸性，但其酸性则按氢氟酸、盐酸、氢溴酸、氢碘酸的顺序依次增强。

3. 与水的反应　氟、氯、溴、碘都能与水反应，但 F_2 与水发生剧烈反应，有 O_2 生成。溴和碘与水的反应同氯气与水的反应相似，均有次卤酸生成，但反应程度较弱。

4. 碱的反应　氯、溴、碘与碱溶液反应，生成卤化物、次卤酸盐和水。用碱溶液吸收氯气以及漂白粉的制取都是根据卤素的这个性质。

5. 卤素单质的化学活动性　通过【演示实验 1-2】和【演示实验 1-3】说明，溴不能置换出氯化物中的氯；碘不能置换出氯化物中的氯和溴化物中的溴；氟能从熔化的氯化物、溴化物、碘化物中置换出氯、溴、碘。综上所述，卤素单质的化学活泼性（即氧化性）顺序为 $F_2>Cl_2>Br_2>I_2$。

（三）卤离子的检验

【演示实验 1-4】现象说明：可溶性的金属卤化物与硝酸银反应，生成的卤化银难溶于水，且沉淀不溶于稀硝酸，沉淀的颜色各不相同，所以实验室根据这一特性来检验卤离子。强调 AgCl 是白色沉淀、AgBr 是淡黄色沉淀、AgI 是黄色沉淀，且这三种沉淀均不溶于稀硝酸。

五、学习目标检测

（一）选择题

1. 在盛有少量氯水的试管中加入过量的溴化钾溶液，再加入少量汽油，振荡静止后（　　）。
   A. 溶液呈紫色　　　　　　　　B. 汽油层呈红棕色
   C. 汽油层呈紫红色　　　　　　D. 溶液呈橙色

2. 卤素单质（从氟到碘）性质的递变规律正确的是（　　　）。

    A. 氧化性逐渐减弱

    B. 密度逐渐减小，颜色逐渐加深

    C. 状态：固态→液态→气态

    D. 与水的反应逐渐增强

3. 下列不能用金属和盐酸直接反应来制取的氯化物是（　　　）。

    A. 氯化锌　　　　　B. 氯化铁　　　　　C. 氯化钠　　　　　D. 氯化铝

4. 下列试剂能将 NaCl 和 KBr 两种溶液鉴别出来的是（　　　）。

    A. 淀粉溶液　　　B. 碘单质　　　C. 硝酸银溶液　　　D. 稀硝酸

5. 下列物质的水溶液属于弱酸的是（　　　）。

    A. HF　　　　　　B. HCl　　　　　　C. HBr　　　　　　D. HI

（二）填空题

1. 卤素原子的最外电子层都有_____个电子，在化学反应中容易_____电子，化合价为_____。卤素都是活泼的_____元素。

2. 碘单质为_____态，其分子式为_____。

3. 卤素单质的化学活动性按_____逐渐递减。

4. 卤素单质与氢气反应，生成的气态氢化物稳定性按_____逐渐减弱。

（三）简答题

1. 卤素在原子结构上有哪些异同？

2. 比较 Cl_2、Br_2、I_2 的化学活泼性，并写出相关能证明这个性质的化学反应方程式。

3. 标出 Cl_2、HCl、HClO 中氯元素的化合价。

4. 怎样用实验方法鉴别 KCl、KBr 和 KI 溶液？并写出有关化学方程式。

（陆　梅）

第 2 章

物质结构和元素周期律

第1节 原　　子

一、学习目标导航

1. 掌握原子核外电子的排布规律。
2. 熟悉原子的组成和同位素的概念。
3. 了解原子组成符号的含义。
4. 了解同位素在医学上的应用。

二、学习重点与难点

1. 本节学习重点是原子核外电子排布的规律。
2. 本节学习难点是原子核外电子运动的特征及原子核外电子排布的表示。

三、相关知识链接

（一）原子概念的提出

原子的概念是由英国化学家道尔顿于 1803 年首次提出的。1911 年，英国物理学家卢瑟福从 α 射线照射到金箔上的研究发现了原子核的存在，提出了原子的天体模型。自然界的物质有 3000 多万种，而构成这些物质的原子只有 400 多种。

（二）原子的特性

（1）原子的体积很小。如果有可能把 1 亿个氧原子排成一行，其长度也只有 1cm 多一点。

（2）原子的质量也很小。例如，一个氧原子的质量约为 $2.657×10^{-26}$kg。

（3）原子在不停地运动。

（4）原子间有间隔。

（5）原子与分子、离子都是构成物质的一种粒子；有些物质是由原子直接构成的，如金属、稀有气体等。

（6）原子是化学变化中的最小粒子。在化学反应中分子发生了变化，生成了新的分子，而原子没有变化，仍然是原来的原子。

（三）核外电子的运动

在每个原子中心有一个带正电的原子核，核外有若干带负电的电子绕核高速旋转。原子虽然是微观粒子，但整个原子的绝大部分是空的，原子核和电子的体积很小，仅占整个原子空间的极少部分。电子的质量很小，约 9.1095×10^{-31}kg；电子的运动空间很小，其半径约 10^{-10}m；电子的运动速度极快，接近光速，约 3×10^8m/s。

原子核外电子绕核高速运动没有确定的轨道。电子总是在离核近的地方出现的概率大，离核远的地方出现的概率小。

（四）元素的放射性与放射性同位素的应用

放射性是指能自发地放出不可见射线的性质。放射性同位素在工农业生产、科学研究、医学等领域有着重要的用途。例如，探测金属器件缺陷、育种、研究化学反应机制和保存食物等。人们用放射线对肿瘤进行"放射治疗"，如医院里常用放射性同位素钴-60进行"肿瘤照光"。放射线治疗作为肿瘤治疗的重要手段被广泛应用，但也对人体其他器官与组织造成难以避免的损伤，如血液中的白细胞减少、免疫功能下降、毛发脱落等。

四、教材内容精解

（一）原子的组成

1. 原子的电性　原子是电中性的。原子是由位于原子中心的原子核和核外电子构成的。原子核是由质子和中子构成的。1个质子带1个单位正电荷，1个电子带1个单位负电荷，中子不带电。原子核的核电荷数由质子数决定，不同的元素含有不同的核电荷数。按核电荷数从小到大的顺序给元素编号，所得的序号称为元素的原子序数。因此，

原子序数 = 核电荷数 = 核内质子数 = 核外电子数

例如，氧元素的原子序数是8，核电荷数、核内质子数、核外电子数与其相等，都等于8；镁元素的原子序数是12，核电荷数、核内质子数、核外电子数与其相等，都等于12。

2. 原子的质量　由于电子的质量非常小，原子的质量主要集中在原子核上，因此原子的质量数与原子的相对原子质量近似相等。

$_Z^A$X代表一个质量数为 A、质子数为 Z 的原子。

质量数(A) = 质子数(Z) + 中子数(N)

例如，$_{11}^{23}$Na 表示的是钠元素中质量数为23、质子数为11、中子数为12的钠原子；$_{17}^{37}$Cl 表示的是氯元素中质量数为37、质子数为17、中子数为20的氯原子。

（二）同位素

（1）元素是具有相同质子数（核电荷数）的同一类原子的总称。

元素是宏观概念，只有种类不论个数。例如，H_2SO_4 只能说硫酸是由氢元素、硫元素和氧元素组成，不能说硫酸是由两个氢元素、一个硫元素和四个氧元素组成。

分子、原子、离子是微观概念，既有种类之分，又有数量之别。例如，H_2SO_4 可以表达为一个硫酸分子是由两个氢原子、一个硫原子和四个氧原子构成。

（2）同位素：质子数相同而中子数不同的同种元素的不同核素互为同位素。例如，$_1^1H$、$_1^2H$ 和 $_1^3H$ 是氢的三种同位素；$_{92}^{234}U$、$_{92}^{235}U$ 和 $_{92}^{238}U$ 是铀的三种同位素；$_6^{12}C$、$_6^{13}C$ 和 $_6^{14}C$ 是碳的三种同位素。

（3）同位素中的"同位"是指同一元素的几种原子的质子数相同，在元素周期表中占据同一个位置。同种元素可以有多种不同的同位素原子，因此原子的种类数远多于元素的种类数。

（4）同位素之间的性质关系。同一元素的各种同位素的化学性质几乎完全相同，物理性质有一定差别。

（三）原子核外电子排布的表示方法

原子结构示意图：表示原子的核电荷数和核外电子在各电子层上排布的图示。例如，氢原子、氧原子、钠原子和钙原子结构示意图如下。

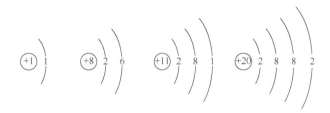

（四）原子结构与元素性质的关系

1. 元素的金属性　原子失去电子成为阳离子的趋势。金属元素的原子最外层电子数一般少于 4 个，在化学反应中易失去电子使次外层变成最外层，达到 8 个电子的稳定结构（Li、Be 等变为 2 个电子）。

例如，K 最外层 1 个电子，钾原子容易失去最外层上的 1 个电子成为 K^+，使次外层变成最外层，达到 8 电子稳定结构。Ca 最外层 2 个电子，钙原子容易失去最外层上的 2 个电子成为 Ca^{2+}，使次外层变成最外层，达到 8 电子稳定结构。

2. 元素的非金属性　原子得到电子成为阴离子的趋势。非金属元素的原子最外层电子数一般多于 4 个，在化学反应中易得到电子，使最外层达到 8 电子稳定结构。

例如，Cl 最外层 7 个电子，氯原子容易得到 1 个电子达到 8 电子稳定结构，成为 Cl^-。S 最外层 6 个电子，硫原子容易得到 2 个电子达到 8 电子稳定结构，成为 S^{2-}。

五、学习目标检测

（一）选择题

1. 不同元素的原子（包括离子）（　　　）。
    A. 质子数一定不等　　　　　　　　B. 中子数一定不等
    C. 质量数一定不等　　　　　　　　D. 核外电子数一定不等
2. 铋在医药方面有重要的作用，下列关于 $^{209}_{83}Bi$ 和 $^{210}_{83}Bi$ 的说法正确的是（　　　）。
    A. 都含有 83 个中子　　　　　　　B. 互为同位素
    C. 核外电子数不同　　　　　　　　D. 分别含有 126 个和 127 个质子
3. 下列关于电子运动的描述中，不正确的是（　　　）。
    A. 核外电子绕核做高速的圆周运动
    B. 核外电子运动没有确定的轨迹
    C. 电子的质量小，运动的空间也很小
    D. 核外电子的运动速度接近光速

4. 从某微粒的原子结构示意图反映出（　　　）。
 A. 质子数和中子数
 B. 中子数和电子数
 C. 核电荷数和核外电子层排布的电子数
 D. 质量数和核外电子层排布的电子数

（二）填空题

1. 填表并从表格中讨论可能的信息。

原子种类	符号	核电荷数	质子数	中子数	核外电子数
氢	H	1		0	
氘	D		1	1	
碳	C			6	6
碳	C	6		7	
钙	Ca		20	20	

2. 在 $^{12}_{6}C$、$^{14}_{6}C$、$^{40}_{20}Ca$、$^{24}_{12}Mg$、$^{14}_{7}N$、$^{41}_{20}Ca$ 中，互为同位素的是_____和_____；质量数相同、但不是同位素的是_____。

第 2 节　元素周期律和元素周期表

一、学习目标导航

1. 掌握元素周期表的结构和元素性质的递变规律。
2. 熟悉同周期同主族元素性质的递变规律。
3. 熟悉元素周期表的结构及周期、族的概念。
4. 了解元素周期律与元素周期表的重要意义。

二、学习重点与难点

1. 本节学习重点是元素周期表的结构和元素性质的递变规律。
2. 本节学习难点是元素金属性、非金属性变化规律的应用。

三、相关知识链接

（一）元素周期表的诞生过程

俄国化学家门捷列夫（1834—1907 年）在 1867 年着手著述一部普通化学教科书时，把化学性质类似的元素归并成族，分成各章去写。他专心研究了各种元素的性质，把元素的性质做成一套卡片，上面记载着元素的相对原子质量、化合价和化学性质等。

1869 年 2 月，门捷列夫从事卤素、碱金属和碱土金属各章的写作时，发现截然不同的 Cl（35.5）和 K（39）、Br（80）和 Rb（85）在相对原子质量差值方面很相近。再深入研究其他元素，发现也存在着同样的联系。于是，他发现了相似的元素依一定间隔出现的周期性。门捷列夫将元素按照相对原子质量从小到大的顺序排列，通过分类、归纳制成了第一张元素周期表。全表有 66 个位置，尚有 4 个空位只有相对原子质量而没有元素名称，门捷列夫预言，今后一定能发现与这几个相对原子质量相应的元素。元素周期表的制定揭示了化学元素间的内在联系，使其构成了一个完整的体系，成为化学发展史上重要的里程碑。

随着化学科学的发展，周期律为寻找新元素，提供了一个理论上的向导，元素周期表中为未知元素留下的空位先后被填满，后来发现的新元素越来越多，元素周期表的形式也变得更加完美。当原子结构的奥秘被发现之后，元素周期表中元素的排序由相对原子质量改为原子的核电荷数，元素周期表逐渐演变成现在的形式。

（二）元素化合价与元素在周期表中位置的关系

（1）在原子结构中，与化合价有关的电子称为价电子。主族元素的最外层电子即为价电子，但过渡金属元素的价电子还与其原子的次外层或倒数第三层的部分电子有关。

（2）对于非金属元素，最高正价 + |最低负价| = 8。

四、教材内容精解

（一）元素周期律

（1）随着原子序数的递增，元素原子的最外层电子排布呈周期性的变化。

（2）元素的原子半径随着原子序数的递增呈周期性的变化。

（3）元素的化合价随着原子序数的递增呈周期性的变化。

（4）元素的金属性和非金属性随着原子序数的递增呈周期性的变化。

元素的性质随着原子序数的递增而呈现周期性变化的规律称为元素周期律。

元素性质周期性变化中最重要的是元素原子核外电子排布的周期性变化。元素原子核外电子排布的周期性变化是元素其他性质周期性变化的根本。

因此，原子结构决定元素性质。元素周期律深刻地揭示了原子结构和元素性质的内在联系。需要指出的是，元素性质的周期性变化，并不是简单的、机械的重复，而是一种递进的、循环的变化。

（二）元素周期表

先将电子层数相同的元素，按原子序数递增顺序从左到右排成横行，再把不同横行中最外层电子数相同的元素，按电子层数递增顺序从上到下排成纵行，这样制成的一张表称为元素周期表。

1. 周期表的结构

（1）周期：元素周期表有 7 个横行，一个横行就是一个周期。从上到下，依次命名为第一周期、第二周期、……、第七周期。每一周期中元素的电子层数相同，从左到右原子序数递增，周期的序数就是该周期元素具有的电子层数。第一周期只有两种元素，第二周期、第三周期各有 8 种元素，这三个周期称为短周期。第四、第五周期各有 18 种元素，第六周期、第七周期各有 32 种元素，这四个周期含元素种类较多，称为长周期。周期的序数 = 该周期元素原子具有的电子层数。

（2）族：元素周期表共有 16 个族。族是按电子层数递增的顺序，把不同横行中最外层电子数相同的元素从上到下排成纵列。元素周期表共有 18 列。第 8、第 9、第 10 三列划为一族；其余 15 列，每列为一族。族序数用罗马数字 Ⅰ、Ⅱ、Ⅲ、Ⅳ、Ⅴ、Ⅵ、Ⅶ、Ⅷ表示。

族分为主族和副族。由短周期元素和长周期元素共同构成的族，称为主族，共有 7 个主族；主族元素在族序数后标 A，如 Ⅰ A 称为第一主族、ⅦA 称为第七主族等。主族序数 = 该主族元素原子的最外层电子数。

完全由长周期元素构成的族，称为副族，共有 7 个副族；副族元素在族序数后标 B，如 ⅡB 称为第二副族、ⅣB 称为第四副族等。

元素周期表中最右一列稀有气体元素中，氦原子核外只有一个电子层，该电子层上有 2 个电子；本列其他元素的原子最外层都是 8 个电子，是非常稳定的结构，化学性质不活泼，通常很难与其他物质发生化学反应，其化合价定为 0 价，称为 0 族。

第 8、第 9、第 10 三个纵列组成Ⅷ族，称为第八族。

2. 元素性质的递变规律

（1）同周期元素性质的递变规律：在同一周期中，各元素的原子核外电子层数虽然相同，但从左到右，核电荷数依次增多，原子半径依次减小，失电子能力逐渐减弱，得电子能力逐渐增强。因此，同周期元素从左到右，金属性逐渐减弱，非金属性逐渐增强。

同周期元素从左到右，金属性逐渐减弱。例如，位于第三周期的 11 号钠元素、12 号镁元素、13 号铝元素，从左到右，钠元素的金属性最强，镁元素的金属性次之，铝元素的金属性最弱。

同周期元素从左到右，非金属性逐渐增强。例如，位于第三周期的 14 号硅元素、15 号磷元素、16 号硫元素、17 号氯元素，从左到右，非金属性由弱到强的排列顺序是 Si、P、S、Cl。

（2）同主族元素性质的递变规律：同主族元素中，虽然各元素的最外层电子数相同，但从上到下，电子层数依次增多，原子半径逐渐增大，失去电子的能力逐渐增强，得电子的能力逐渐减弱。因此，同主族元素从上到下，金属性逐渐增强，非金属性逐渐减弱。

第一主族金属元素锂、钠、钾、铷、铯、钫，从上到下，金属性是逐渐增强的。第七主族非金属元素氟、氯、溴、碘、砹、础，从上到下，非金属性是逐渐减弱的。

五、学习目标检测

（一）选择题

1. 下列单质中，最容易与氢气反应的是（　　）。

　　A. O_2　　　　　　　　B. N_2　　　　　　　　C. F_2　　　　　　　　D. Cl_2

2. 某主族元素 R 的第 5 电子层上只有一个电子，下列描述正确的是（　　）。

　　A. 其单质在常温下与水的反应不如钠剧烈

　　B. 其原子半径比钾离子半径小

　　C. 其碳酸盐易溶于水

　　D. 其氢氧化物不能使氧化铝溶解

3. 元素性质呈周期性变化的根本原因是（　　　）。

A. 元素原子电子层数增大

B. 元素的化合价呈周期性变化

C. 元素原子最外层电子数呈周期性变化

D. 核电荷数依次增大

4. 含有硒元素的保健品已开始进入市场，硒与硫同主族，与钾同周期。下列关于硒的叙述不正确的是（　　　）。

A. 原子序数为 24　　　　　　　　B. 最高价氧化物的分子式为 SeO_3

C. 非金属比溴弱　　　　　　　　D. 气态氢化物的化学式为 H_2Se

（二）填空题

1. 同一周期的主族元素，从左到右，原子半径逐渐_____，失电子能力逐渐_____，得电子能力逐渐_____，金属性逐渐_____，最高价氧化物对应的水化物的碱性逐渐_____，酸性逐渐_____。

2. 同一主族的元素，从上到下，原子半径逐渐_____，失电子能力逐渐_____，得电子能力逐渐_____，金属性逐渐_____，最高价氧化物对应的水化物的碱性逐渐_____，酸性逐渐_____。

（三）简答题

元素周期表的简图如下：

1. 在上面的元素周期表中全部都是金属元素的区域为_____。

①A　　　　　②B　　　　　③C　　　　　④D

2. 现有甲、乙两种短周期元素，室温下，甲元素单质在冷的浓硫酸或空气中，表面都生成致密的氧化物薄膜，乙元素原子核外 M 电子层与 K 电子层上的电子数相等。

（1）用元素符号将甲、乙两元素填写在上面元素周期表中对应的位置上。

（2）甲、乙两元素相比较，金属性较强的是_____，下面可以验证该结论的实验是_____。

a. 将空气中放置已久的这两种元素的块状单质分别放在热水中

b. 将这两种元素的单质粉末分别与同浓度的盐酸反应

c. 将这两种元素的单质粉末分别与热水作用，并滴入酚酞试液

d. 比较这两种元素的气态氢化物的稳定性

第 3 节　化 学 键

一、学习目标导航

1. 掌握共价键的概念、形成及类型。
2. 熟悉离子键的概念及其形成。
3. 了解分子的极性及氢键。

二、学习重点与难点

1. 本节学习重点是理解离子键、共价键的概念和形成条件。
2. 本节学习难点是常见物质中化学键类型的正确判断与表示。

三、相关知识链接

（一）原子结构示意图

原子结构示意图是表示原子结构的化学图示，其能清楚地表明原子或简单阴、阳离子的核电荷数（质子数）和核外电子分层排布，尤其是最外层上的电子数。

（二）电子式

在元素符号周围用"·"或"×"表示原子最外层电子的式子称为电子式。原子在化学反应中的电子层结构变化，一般是最外层电子排布发生变化。第 11～18 号元素原子的电子式如下。

$$Na\cdot \quad \cdot Mg\cdot \quad \cdot \overset{\cdot}{Al}\cdot \quad \cdot \overset{\cdot}{Si}\cdot \quad \cdot \overset{\cdot}{P}\cdot \quad \cdot \overset{\cdot}{\underset{\cdot}{S}}\cdot \quad :\overset{\cdot}{\underset{\cdot}{Cl}}\cdot \quad :\overset{\cdot}{\underset{\cdot}{Ar}}:$$

钠原子　　镁原子　　铝原子　　硅原子　　磷原子　　硫原子　　氯原子　　氩原子

（三）分子间作用力

分子间作用力是指在物质分子间存在的微弱的相互作用。

（1）荷兰物理学家范德华首先研究了分子间作用力，所以分子间作用力又称范德华力。

（2）分子间作用力要比化学键弱得多。

（3）化学键的强弱影响着物质的化学性质；分子间作用力的大小对由分子构成的物质的物理性质（如熔点、沸点、溶解度等）有影响。

（四）化学键与分子间作用力的区别

化学键与分子间作用力的区别如表 2-1 所示。

表 2-1　化学键与分子间作用力的区别

项目	化学键	分子间作用力
概念	物质中相邻的两个或多个原子间强烈的相互作用	物质分子间存在的微弱的相互作用
范围	分子内或晶体内	分子间
作用	强（键能一般为 120～800kJ/mol）	弱（几个至十个 kJ/mol）
性质影响	主要影响分子的化学性质	主要影响物质的物理性质

四、教材内容精解

（一）化学键

化学上把物质中相邻的原子（离子）之间强烈的相互作用称为化学键。化学键只存在于分子内、直接相邻的原子之间，是一种强烈的相互作用。化学反应的过程，本质上就是旧化学键的断裂和新化学键的形成过程。

存在于分子之间弱的相互作用是分子间作用力，不属于化学键。

（二）离子键

阴、阳离子之间通过静电作用形成的化学键称为离子键。以离子键形成的化合物称为离子化合物。

（1）离子键的实质是阴离子与阳离子之间强烈的静电作用。

（2）离子键的成键粒子是阴离子和阳离子。离子键中阴、阳离子不仅指像 Na^+ 和 Cl^- 这样的简单离子，也包括 NH_4^+、SO_4^{2-} 等复杂离子。

（3）离子键形成的条件是必须先形成阴离子和阳离子。由于活泼金属元素的原子易失去电子形成阳离子，活泼非金属元素的原子易得到电子形成阴离子，因此第ⅠA族、第ⅡA族活泼的金属钾、钠、钙、镁等与第ⅦA族、第ⅥA族活泼的非金属氟、氧、氯、硫等之间相互化合时，一般形成的化学键是离子键。

（4）离子化合物是由离子键构成的化合物。构成离子化合物的基本微粒是阴离子和阳离子，如构成 NaCl 的微粒是 Na^+ 和 Cl^-，构成 Na_2SO_4 的微粒是 Na^+ 和 SO_4^{2-}。大多数的盐、强碱和活泼金属氧化物等都是常见的离子化合物。

（三）共价键

原子间通过共用电子对所形成的化学键称为共价键。共价键可用电子式和结构式表示。共价键分为非极性共价键和极性共价键。全部以共价键形成的化合物称为共价化合物。

（1）共价键的实质是原子之间通过共用电子对所形成的强烈相互作用。这种作用很强烈，如 H_2、Cl_2、HCl 分子中的化学键是共价键，很稳定，在高温下也难分解。

（2）共价键的成键微粒是原子。形成共价键的原子包括同种的非金属元素的原子（如 H_2、Cl_2）和不同种非金属元素的原子（如 HCl、H_2O）。

（3）共价键的形成条件。同种的非金属元素的原子形成的是非极性共价键，不同种的非金属元素的原子形成的是极性共价键。

（4）共价键可以用电子式表示，也可以用结构式表示。结构式中常用一根短线"—"表示一对共用电子，两根短线"＝"表示两对共用电子，三根短线"≡"表示三对共用电子，如 H—H、H—Cl、O＝O、N≡N 等。

（5）配位键是一种特殊的共价键，成键原子间的共用电子对是由一个原子单独提供一对电子并和另一个原子共用。一般的共价键成键原子间的共用电子对是由两个原子各提供一个电子共用。

（6）共价化合物是以共用电子对形成的化合物。构成共价化合物的基本微粒是原子，如构成 HCl 的微粒是 H 和 Cl。常见的共价化合物有双原子非金属单质如 H_2、非金属氢化物如 HCl、非金属氧化物如 SO_2、含氧酸如 H_2SO_4、绝大多数有机化合物如 CH_4 等。

五、学习目标检测

（一）选择题

1. 下列关于化学键叙述正确的是（　　）。

A. 化学键是相邻原子间的相互作用

B. 化学键是相邻两个或多个原子间的相互作用

C. 化学键既存在于相邻原子间，又存在于相邻分子间

D. 化学键是相邻两个或多个原子之间强烈的相互作用

2. 关于化学键的下列叙述，正确的是（　　）。

A. 离子化合物中不含共价键　　　　B. 共价化合物中可能含有离子键

C. 离子化合物中只含有离子键　　　　D. 共价化合物中不含离子键

3. 下列化合物中只有共价键的是（　　）。

A. Na_2O_2　　　　B. $CaCl_2$　　　　C. NH_3　　　　D. KOH

4. 下列性质中，可以证明某化合物内一定存在离子键的是（　　）。

A. 熔融状态能导电　　　　　　B. 具有较高的熔点

C. 水溶液能导电　　　　　　D. 可溶于水

（二）填空题

1. 化学键是指＿＿＿＿＿＿＿＿＿＿＿＿＿＿＿＿＿＿＿＿＿＿＿。

2. 离子键是指＿＿＿＿＿＿＿＿＿＿＿＿＿＿＿＿＿＿＿；成键元素＿＿＿＿＿＿＿＿＿＿＿；成键原因＿＿＿＿＿＿＿＿＿＿＿＿＿＿＿＿＿＿＿＿＿＿＿＿＿＿＿＿＿＿＿＿＿＿＿＿。

3. 共价键是指＿＿＿＿＿＿＿＿＿＿＿＿＿＿＿＿＿；成键元素＿＿＿＿＿＿＿＿＿＿＿；成键原因＿＿＿＿＿＿＿＿＿＿＿＿＿＿＿＿＿＿＿。

4. 共价化合物中只有＿＿＿＿＿；离子化合物中一定含有＿＿＿＿＿。

5. 物质 $NaOH$、KCl、NH_3、NH_4F 中，只存在共价键的是＿＿＿＿＿，只存在离子键的是＿＿＿＿＿，既有离子键又有共价键的是＿＿＿＿＿。

（三）简答题

1892 年拉塞姆和雷利发现了氩，他们在实验中发现氩是一种惰性气体，并测得其相对原子质量为 40.0，请你设计一个方案证实它是单原子分子。

（李　勤）

第 3 章

溶 液

第 1 节　物 质 的 量

一、学习目标导航

1. 掌握物质的量的概念及符号。
2. 掌握物质的量与基本单元数的关系、物质的量与物质的质量之间的关系，并能进行有关的计算。
3. 熟悉摩尔的定义及符号。
4. 熟悉摩尔质量与化学式量的关系。
5. 了解阿伏伽德罗常量。

二、学习重点与难点

1. 本节学习重点是物质的量的概念、物质的量与基本单元数和物质质量之间的关系。
2. 本节学习难点是物质的量的概念、摩尔的定义。

三、相关知识链接

（一）相对原子质量和相对分子质量

（1）相对原子质量是指以 ^{12}C 原子质量的 1/12 作为标准，其他原子的质量与它相比所得的比值。

（2）相对分子质量是指化学式中各原子的相对原子质量的总和。

（二）化学式及其含义

（1）化学式是指用元素符号和数字的组合表示物质组成的式子。由分子构成的物质，其化学式又称分子式。

纯净物有固定的化学组成，才有化学式。混合物没有固定的化学组成，没有化学式。一种纯净物只有一个化学式。

（2）化学式具有四个方面的含义（如 H_2O）：①表示一种物质（H_2O 表示水）；②表示该物质是由什么元素组成的（H_2O 表示水是由氢和氧两种元素组成的）；③表示该物质的一个分子（H_2O 表示一个水分子）；④表示构成一个分子的原子种类和数目（H_2O 表示一个水分子是由两个氢原子和一个氧原子构成的）。

四、教材内容精解

（一）物质的量及其单位

1. 物质的量的概念　物质的量表示含有一定数目粒子的集合体。物质的量是国际单位制（SI）7 个基本物理量之一，符号为 n。

2. 摩尔及计量范围　摩尔是物质的量的单位，简称摩，符号为 mol。摩尔一词来源于拉丁文 moles，原意为大量和堆集。科学上使用 $0.012kg\ ^{12}C$（即 $12g\ ^{12}C$）作为摩尔的基准。^{12}C 是原子核中有 6 个质子和 6 个中子的碳原子。

作为物质的量的单位，摩尔可以计量所有微观粒子的数目，包括原子、分子、离子、原子团、质子、中子、电子等微观粒子，如 1mol H、1mol H_2O、1mol Fe^{3+}、1mol SO_4^{2-}、2mol 质子、0.5mol 电子等，也可以表示微观粒子的特定组合，如 $\frac{1}{3}Al^{3+}$。但摩尔不能表示宏观物质的数目，如"1mol 黄豆""0.5mol 米粒""2mol 钢珠"等都是错误表示。

3. 物质的量的理解　物质的量是一个基本物理量，四个字是一个整体，不能拆开理解，也不能错写成"物质量"或"物质的质量"，否则就会改变物质的量原有的意义。

（二）摩尔作单位的注意事项

使用摩尔作单位时，要用化学式，需指明微粒的种类，如 1mol H、1mol H_2、1mol H^+；忌用 1mol 氢，这种指代不明确，因为氢有氢原子、氢分子、氢离子等多种微粒。

（三）阿伏伽德罗常量

（1）定义。国际上把 $12g\ ^{12}C$ 中所含的碳原子数目，称为阿伏伽德罗常量。实验测得其近似值为 6.02×10^{23}，符号为 N_A，单位为 mol^{-1}。

（2）物质的量（n）、基本单元数（N）与阿伏伽德罗常量（N_A）三者之间的关系如下：

$$物质的量=\frac{基本单元数（粒子数）}{阿伏伽德罗常量}$$

$$n=\frac{N}{N_A}\quad 或\quad N=nN_A$$

（3）阿伏伽德罗常量是有单位的常数，单位是 mol^{-1}，应用阿伏伽德罗常量时必须注意是 $6.02\times10^{23}mol^{-1}$，而不是 6.02×10^{23}。

（4）含有 6.02×10^{23} 个粒子的任何粒子集合体，其物质的量都是 1mol。

（四）摩尔质量

（1）概念。单位物质的量的物质所具有的质量称为摩尔质量。

摩尔质量表示的是 1mol 物质所含有的质量。摩尔质量的量符号为 M,常用单位是 g/mol。

（2）物质的量（n）、物质的质量（m）与摩尔质量（M）三者之间的关系如下：

$$物质的量=\frac{物质的质量}{摩尔质量}$$

$$n=\frac{m}{M}$$

（3）联系。某物质的摩尔质量，以 g/mol 作单位时，在数值上等于该物质的相对原子质量或相对分子质量。

某物质 1mol 的质量（以 g 作单位）、摩尔质量（以 g/mol 作单位）、相对原子质量或相对分子质量（无单位或以 1 为单位），三者在数值上相等，但单位不同。

（五）摩尔质量与相对原子质量或相对分子质量的联系与区别

（1）联系。摩尔质量如以 g/mol 作单位时，与相对原子质量或相对分子质量在数值上相等。

（2）区别。摩尔质量是绝对量，有单位，常用单位是 g/mol；相对原子质量或相对分子质量是相对量，无单位。

五、学习目标检测

（一）选择题

1. 在 0.5mol K_2SO_4 中，含有 SO_4^{2-} 数是（ ）。

    A. 3.01×10^{23} B. 6.02×10^{23} C. 0.5   D. 1

2. Fe 的摩尔质量是（ ）。

    A. 56   B. 56g   C. 56mol   D. 56g/mol

3. 在下列物质中，其物质的量为 0.2mol 的是（ ）。

    A. 3.6g H_2O B. 2.2g CO_2 C. 3.2g O_2 D. 4.9g H_2SO_4

4. 下列说法正确的是（ ）。

①物质的量是联系微观粒子与宏观物质之间的物理量；②物质的量是摩尔的单位；③1mol 氧所含的微粒个数是 6.02×10^{23}；④物质的量是描述物质微粒多少的物理量；⑤$12.04 \times 10^{23}$ 个 H_2 的物质的量是 2mol；⑥1mol 铁钉有 6.02×10^{23} 个铁钉。

    A. ①②③   B. ②③④   C. ①④⑤   D. ①④⑥

5. 下列关于摩尔质量的描述或应用中正确的是（ ）。

    A. 1mol H_2O 的质量是 18

    B. 氧气分子的摩尔质量是 32

    C. 钠原子的摩尔质量等于它的相对原子质量

    D. 1mol OH^- 的质量是 17g

（二）填空题

1. 摩尔是_____的单位，1mol 任何物质中所含有的基本单元数约为_____，N_A 等于_____。

2. _____C 约含有 6.02×10^{23} 个碳原子。

3. 在 0.2mol H_2 中，含有_____个氢分子。

4. NH_4HCO_3 的相对分子质量为_____，其摩尔质量为_____。

5. 1.5mol H_2SO_4 的质量是_____，其中含有_____mol H，含有_____mol O，含有_____mol S。

6. 0.01mol 某物质的质量为 0.40g，此物质的摩尔质量为_____。

（三）简答题

1. 摩尔质量与相对原子质量或相对分子质量有什么联系与区别？

2. H_2SO_4 可以表示哪四个方面的含义？

3. 为什么说物质的量是联系微观粒子与宏观物质之间的物理量？

第2节　溶液的浓度

一、学习目标导航

1. 掌握物质的量浓度的概念、符号、关系式及有关计算。
2. 掌握质量浓度的概念、符号、关系式及有关计算。
3. 熟悉溶质的体积分数、溶质的质量分数的概念、关系式及有关计算。
4. 熟悉溶液的配制和稀释。
5. 了解溶液浓度的换算。

二、学习重点与难点

1. 本节学习重点是物质的量浓度和质量浓度的概念、符号、关系式及有关计算。
2. 本节学习难点是溶液的配制和稀释。

三、相关知识链接

（一）溶液的概念

一种或几种物质以分子或离子的状态分散到另一种物质里，所形成的均一的、稳定的混合物称为溶液。

能溶解其他物质的物质称溶剂，被溶解的物质称溶质。溶液是由溶质和溶剂组成的。水能溶解很多物质，是最常用的溶剂。除了水作溶剂外，汽油、乙醇、苯等液体也常用作溶剂。

（二）饱和溶液与不饱和溶液

在一定温度、压力下，一定量的溶剂中，不能再溶解某种溶质的溶液称为这种溶质的饱和溶液；还能继续溶解某种溶质的溶液，称为这种溶质的不饱和溶液。

对于不同溶质来说，浓溶液不一定是饱和溶液，稀溶液也不一定是不饱和溶液。当然，对于同一种溶质的溶液，在一定温度时，饱和溶液比不饱和溶液的浓度要大。

（三）固体的溶解度

在一定温度、压力下，某固态物质在 100g 溶剂里达到饱和状态时所溶解的质量，称为这种物质在这种溶剂里的溶解度。

通常所说的溶解度是指物质在水里的溶解度。把在室温 20℃时溶解度在 10g 以上的，称易溶物质；溶解度小于 1g 的，称微溶物质；溶解度小于 0.01g 的，称难溶物质（或称不溶物质）；绝对不溶于水的物质是没有的。溶解度与温度密切相关，在提及物质的溶解度时，应指明温度。

（四）浓溶液与稀溶液

浓溶液是指溶液中溶质含量较多的溶液；稀溶液是指溶液中溶质含量较少的溶液。

把溶液分为浓溶液与稀溶液,这种分法较粗略,不能准确表明一定的溶液里含有多少溶质。实际应用中通常要确切知道一定量的溶液里含有多少溶质。

(五)溶质的质量分数

溶质的质量分数是溶质质量与溶液质量之比。即

$$溶质的质量分数 = \frac{溶质质量}{溶液质量} \times 100\%$$

$$溶液质量 = 溶质质量 + 溶剂质量$$

溶质的质量是指形成溶液的那部分溶质的质量,没有溶解的溶质不在考虑范围之内。溶液质量是指该溶液中溶剂质量与溶解的全部溶质质量之和(溶质可以是一种或多种)。

除了溶质的质量分数外,还有许多表示溶液组成的方法。

四、教材内容精解

(一)溶液的浓度

(1)溶液的浓度尽管有多种表示方法,但都是指一定量的溶液或溶剂中所含溶质的量的多少,都可表示为

$$溶液的浓度 = \frac{溶质的量}{溶液的量}$$

式中,溶质的量可以是溶质的质量、溶质的体积或溶质物质的量;溶液的量可以是溶液的质量、溶液的体积等。

(2)溶液浓度常用的表示方法有物质的量浓度、质量浓度、溶质的质量分数、溶质的体积分数等。

(3)由于溶液具有均一性,所以溶液中各部分的浓度相等。

(二)物质的量浓度

1. 定义　溶液中溶质 B 的物质的量除以溶液的体积,称为溶质 B 的物质的量浓度。符号:$c(B)$ 或 c_B。

2. 数学表达式

$$c_B = \frac{n_B}{V}$$

3. 常用单位　mol/L(摩尔每升);辅助单位:mmol/L(毫摩尔每升)、μmol/L(微摩尔每升);三者的关系为:$1mol/L = 10^3 mmol/L = 10^6 \mu mol/L$。

4. 体积　定义中的体积是溶液的体积,而不是溶剂的体积;体积以 L(升)为单位。

5. 溶质　溶质是用物质的量表示,而不是用质量表示。式中的 B 表示溶质。

6. 物质的量浓度的应用　物质的量浓度在医学上已普遍使用,世界卫生组织建议,在医学上表示溶液浓度时,凡是相对分子质量已知的物质,均用其物质的量浓度;对于相对分子质量未知的物质,则可用其他溶液浓度表示法。

(三)质量浓度

1. 定义　溶液中溶质 B 的质量除以溶液的体积,称为溶质 B 的质量浓度。符号 ρ_B,B 表示溶质。

2. 数学表达式

$$\rho_{\mathrm{B}} = \frac{m_{\mathrm{B}}}{V}$$

3. 常用单位 g/L（克每升）；辅助单位：mg/L（毫克每升）、μg/L（微克每升）；三者的关系是：$1\mathrm{g/L} = 10^3\mathrm{mg/L} = 10^6\mathrm{μg/L}$。

4. 溶质　溶质是用质量表示。式中的 B 表示溶质。

5. 体积　定义中的体积是溶液的体积，体积以 L（升）为单位。

6. 物质的量浓度与质量浓度的应用　世界卫生组织认为，绝大多数情况下，对注射液应同时用物质的量浓度和质量浓度两种浓度标明。例如，氯化钠注射液应标明"0.154mol/L"和"9g/L"；葡萄糖注射液应标明"0.278mol/L"和"50g/L"等。

在临床检验报告中，凡是相对分子质量已知的物质，均用其物质的量浓度，如血糖的正常值是 3.9～6.1mmol/L；对于相对分子质量未知的物质（主要是各种蛋白质），则可用质量浓度表示，如血清总蛋白质的正常值是 64～79g/L。

（四）溶质的体积分数

1. 定义　溶质的体积分数是指溶质体积与溶液体积之比。符号 φ_{B}，B 表示溶质。

2. 数学表达式

$$溶质的体积分数 = \frac{溶质体积}{溶液体积} \times 100\%$$

3. 单位　体积分数是一个无量纲的量，其值可以用小数或百分数表示。

4. 使用范围　当溶质是液体时多用此浓度表示，因为液体物质量取体积比称取质量更方便。在医疗上配制药剂、实验室配制溶液、农业生产上稀释农药常采用这种浓度表示方法。

5. 含义　如消毒用的体积分数为 0.75（75%）的酒精溶液，可表示每 1mL 酒精溶液中含纯酒精 0.75mL；或者表示 100mL 酒精溶液中含纯酒精 75mL。

（五）溶质的质量分数

1. 定义　溶质的质量分数是指溶质质量与溶液质量之比。符号 ω_{B}，B 表示溶质。

2. 数学表达式

$$溶质的质量分数 = \frac{溶质质量}{溶液质量} \times 100\%$$

3. 单位　质量分数是一个无量纲的量，其值可以用小数或百分数表示。

4. 使用范围　工业产品一般用溶质的质量分数表示浓度。

5. 含义　如溶质的质量分数为 0.96（96%）的浓硫酸，可表示每 1g 浓硫酸中含纯硫酸 0.96g，或者表示 100g 浓硫酸中含纯硫酸 96g。

（六）百分浓度

百分浓度是过去常用的浓度表示方法，现在用的较少，但在临床注射液的标识上还经常使用百分浓度。

百分浓度是指 100 份溶液中所含溶质的份数，用符号%表示，其数学表达式为

$$百分浓度 = \frac{溶质的份数}{溶液的份数} \times 100\%$$

式中，份数可以是质量，也可以是体积。百分浓度有如下三种表示方法。

1. 质量-质量百分浓度

（1）定义：用 100g 溶液中所含溶质的克数表示的浓度称为质量-质量百分浓度。用符号%（g/g）表示。

（2）数学表达式：

$$质量\text{-}质量百分浓度 = \frac{溶质质量}{溶液质量} \times 100\%$$

（3）含义：如 10%（g/g）NaCl 溶液是指 100g NaCl 溶液中含有 10g 溶质 NaCl。

2. 体积-体积百分浓度

（1）定义：用 100mL 溶液中所含溶质的毫升数表示的浓度称为体积-体积百分浓度。用符号%（mL/mL）表示。

（2）数学表达式：

$$体积\text{-}体积百分浓度 = \frac{溶质体积}{溶液体积} \times 100\%$$

（3）含义：如 95%（mL/mL）的药用酒精就是指在 100mL 酒精溶液中，含有纯酒精 95mL。

3. 质量-体积百分浓度

（1）定义：用 100mL 溶液中所含溶质的克数表示的浓度称为质量-体积百分浓度。用符号%（g/mL）表示。

（2）数学表达式：

$$质量\text{-}体积百分浓度 = \frac{溶质质量}{溶液体积} \times 100\%$$

（3）含义：如临床上常用的生理盐水是 0.9%（g/mL）NaCl 溶液，是指在 100mL NaCl 溶液中含 NaCl 0.9g；临床上常用的 5%（g/mL）葡萄糖溶液，是指在 100mL 葡萄糖溶液中含葡萄糖 5g。

（七）百分浓度已被取代

百分浓度是比较老的浓度表示方法，现已被其他浓度表示方法取代。根据国际纯粹与应用化学联合会物理化学符号、术语和单位委员会规定的表示方法：①质量-质量百分浓度已改称质量分数；②体积-体积百分浓度已改称体积分数；③质量-体积百分浓度已被质量浓度所取代。

百分浓度不是法定的计量单位，应避免使用，但至今在国内外书刊和实际应用中由于习惯，有时还在使用百分浓度。临床上质量-体积百分浓度使用频率依然很高。

（八）溶液浓度换算

1. 物质的量浓度与质量浓度间的换算

换算公式：

$$\rho_B = c_B M_B \quad 或 \quad c_B = \frac{\rho_B}{M_B}$$

式中，ρ_B 表示质量浓度，常用单位是 g/L；c_B 表示物质的量浓度，常用单位是 mol/L；M_B 表示溶质摩尔质量，常用单位是 g/mol。

2. 物质的量浓度与溶质质量分数间的换算

换算公式：

$$c_B = \frac{\omega_B \rho}{M_B} \quad 或 \quad \omega_B = \frac{c_B M_B}{\rho}$$

式中，c_B表示物质的量浓度，常用单位是 mol/L；M_B表示溶质摩尔质量，常用单位是 g/mol；ω_B表示溶质的质量分数，没有单位；ρ表示溶液密度，常用单位是 g/L。

3. 质量浓度与溶液密度的区别

（1）符号的区别：质量浓度用ρ_B表示，溶液密度用ρ表示。

（2）含义的区别：质量浓度等于溶质质量除以溶液体积；溶液密度等于溶液质量除以溶液体积。

（九）溶液的配制

1. 一定质量溶液的配制

基本原理：根据公式求出所需溶质的质量和溶剂的质量，分别放入烧杯中溶解混合均匀即可。

2. 一定体积溶液的配制

（1）基本原理：根据公式求出所需溶质的质量或体积，在烧杯内将溶质用溶剂溶解或稀释，并用容量瓶定容，就可得到欲配制的溶液。

（2）主要操作：一是取一定质量或一定体积的溶质；二是将溶质与溶剂混合形成一定体积的溶液。

（3）配制精确浓度溶液的关键及措施。

配制的溶液所含溶质的量要精确。一是称量固体溶质的质量时应使用分析天平或电子天平，但考虑各学校的实际情况，可暂时用托盘天平代替。二是量取液体溶质的体积时，应使用滴定管或移液管，也可根据实际情况用量筒代替。

配制的溶液体积要精确。使用容积精确的仪器，如容量瓶。容量瓶有不同的规格，常用的有 50mL、100mL、250mL、500mL、1000mL、2000mL 等规格。一种规格的容量瓶只能配制与其标定容积相对应体积的溶液。向容量瓶中加蒸馏水用眼睛平视时液面要与刻度线相切。

（十）溶液的稀释

不同的物质具有不同的性质，同一物质的溶液浓度不同时，有时在某些性质上也会表现出差异。例如，临床上根据患者不同病情需采用不同浓度的葡萄糖溶液。在实验室或工农业生产上也需要根据实际情况的不同使用不同浓度的溶液。

在用浓溶液配制稀溶液时，常用下面的式子计算有关的量：

$$c(浓溶液) \times V(浓溶液) = c(稀溶液) \times V(稀溶液)$$

在稀释浓溶液时，溶液的体积发生了变化，但溶液中溶质的量不变，即在溶液稀释前后，溶液中溶质的量相等。

五、学习目标检测

（一）选择题

1. 在体检项目中总胆固醇的正常范围是 3.6～5.8mmol/L，表示总胆固醇指标的物理量是（   ）。

　　A. 物质的量浓度　　　　　　　B. 质量浓度

　　C. 溶质的质量分数　　　　　　D. 溶质的体积分数

2. 在体检项目中白蛋白的正常范围是 35～55g/L，表示白蛋白指标的物理量是（　　　）。

    A. 物质的量浓度   B. 质量浓度

    C. 溶质的质量分数   D. 溶质的体积分数

3. 将 30mL 0.5mol/L NaOH 溶液加水稀释到 500mL，稀释后溶液中的 NaOH 的物质的量浓度为（　　　）。

    A. 0.5mol/L   B. 0.05mol/L   C. 0.3mol/L   D. 0.03mol/L

4. 20℃时，100g 水最多能溶解 36g 氯化钠，那么 50g 饱和氯化钠溶液的质量分数为（　　　）。

    A. 0.36   B. 0.18   C. 0.265   D. 0.64

5. 配制 3g/L 的硫酸锌滴眼液 1L，需硫酸锌（　　　）。

    A. 0.3g   B. 1.5g   C. 3g   D. 30g

6. 配制 300mL $\varphi_B = 0.3$ 的擦浴酒精，需要 $\varphi_B = 0.75$ 的酒精（　　　）。

    A. 60mL   B. 80mL   C. 100mL   D. 120mL

7. 将 50g 溶质的质量分数 98% 的浓硫酸溶于 450g 水中，所得溶液中溶质的质量分数为（　　　）。

    A. 9.8%   B. 10.2%   C. 10.8%   D. 19.6%

（二）填空题

1. 指出下列溶液所用的溶液浓度表示方法，112g/L 乳酸钠溶液是＿＿＿＿＿＿＿＿，0.149mol/L 碳酸氢钠溶液是＿＿＿＿＿＿＿＿，95% 的药用酒精是＿＿＿＿＿＿＿＿，98% 的市售浓硫酸是＿＿＿＿＿＿＿＿。

2. 9g/L NaCl 溶液的物质的量浓度是＿＿＿＿＿＿＿＿，0.5mol/L 乳酸钠（$NaC_3H_5O_3$）溶液的质量浓度是＿＿＿＿＿＿＿＿。

3. 体检报告中总蛋白参考值是 60～80g/L，表示总蛋白在此范围内是＿＿＿＿＿＿＿。血糖的参考值是 3.9～6.1mmol/L，血糖低于 3.9mmol/L 称为＿＿＿＿＿＿＿＿，血糖高于 6.1mmol/L 称为＿＿＿＿＿＿＿＿。

4. 溶液稀释的原理是＿＿＿＿＿＿＿＿＿＿＿＿＿＿＿＿＿＿＿＿＿＿＿＿＿＿＿＿＿＿＿＿，稀释公式＿＿＿＿＿＿＿＿＿＿＿＿＿＿＿＿＿＿＿＿＿。

5. 在临床检验报告中，凡是相对分子质量已知的物质，均用其＿＿＿＿＿＿＿表示，对于相对分子质量未知的物质（主要是各种蛋白质），则可用＿＿＿＿＿＿＿表示。

（三）简答题

1. 某同学用容量瓶配制溶液，加水时不慎超过了刻度线，他把溶液倒出一些，重新加水至刻度线。这样做配制溶液的浓度准确吗？会造成什么结果？

2. 配制 500mL 0.1mol/L NaCl 溶液，需要 2mol/L NaCl 溶液的体积多少毫升？

3. 物质的量浓度与质量浓度之间如何换算？物质的量浓度与溶质的质量分数之间如何换算？

4. 溶液的配制和稀释一般分为哪几个步骤？

第 3 节　溶液的渗透压

一、学习目标导航

1. 掌握渗透压与溶液浓度的关系，比较渗透压的大小。

2. 掌握渗透压在医学上的意义。

3. 熟悉渗透现象与渗透压的概念，熟悉渗透现象产生的条件。

4. 熟悉渗透浓度的概念，学会计算强电解质与非电解质溶液的渗透浓度。

5. 了解输液的基本原则。

6. 了解晶体渗透压与胶体渗透压。

二、学习重点与难点

1. 本节学习重点是渗透压与溶液浓度的关系，比较渗透压的大小和渗透压在医学上的意义。

2. 本节学习难点是计算强电解质与非电解质溶液的渗透浓度。

三、相关知识链接

（一）扩散

扩散是指物质分子从高浓度区域向低浓度区域转移直到均匀分布的现象。

（二）电解质与非电解质

凡是在水溶液或熔融状态下能导电的化合物，称为电解质。酸、碱、盐都是电解质，如盐酸、乙酸、氢氧化钠、氨水、氯化钠、乙酸钠等都是电解质。

凡是在水溶液或熔融状态下都不导电的化合物，称为非电解质，如葡萄糖、蔗糖、酒精、甘油等都是非电解质。

（三）强电解质与弱电解质

在水溶液中能完全电离的电解质称为强电解质。强酸、强碱和绝大多数盐都是强电解质。在水溶液中只能部分电离的电解质称为弱电解质。弱酸、弱碱和少数盐是弱电解质。

（四）电离与电离方程式

电离是指电解质在水溶液中或熔融状态下产生自由离子的过程。

电离方程式是指用化学式和离子符号表示电离过程的式子，如 $HCl \Longrightarrow H^+ + Cl^-$。

四、教材内容精解

（一）扩散与渗透的区别

（1）扩散是指物质分子从高浓度区域向低浓度区域转移，直到均匀分布的现象。

（2）渗透是指水分子或其他溶剂分子从低浓度的溶液通过半透膜进入高浓度溶液中的现象。渗透是一种特殊的扩散。

（3）扩散的物质分子可以是液体或气体、固体物质；渗透只能是液体物质。

（二）产生渗透现象的条件

产生渗透现象必须具备两个条件：一是有半透膜存在；二是半透膜两侧溶液有浓度差。没有半透膜存在，不会产生渗透现象，只会出现扩散现象。半透膜两侧没有浓度差也不会产生渗透现象。

（三）渗透的方向

渗透的方向是溶剂分子透过半透膜由纯溶剂进入溶液或由稀溶液进入浓溶液。

（四）渗透浓度

溶液中所有能产生渗透作用的溶质粒子的总浓度称为渗透浓度。在医学上常用 c_{os} 表示，单位是 mmol/L（毫摩尔每升）。

（五）渗透浓度与溶液浓度的关系

1. 非电解质溶液　非电解质由于在溶液中不发生电离，1 个分子就是 1 个粒子，所以非电解质溶液的渗透浓度等于溶液浓度，即 $c_{os} = c_B$。

2. 电解质溶液　强电解质由于在溶液中发生完全电离，使溶液中的粒子数成倍地增加，所以强电解质溶液的渗透浓度大于溶液浓度，即 $c_{os} > c_B$。如果 1mol 某强电解质能电离出 A mol 的阳离子和 B mol 阴离子，那么溶液浓度为 c_B 的电解质溶液中产生的渗透浓度为 $(A + B)c_B$，而 $(A + B)c_B > c_B$。

以 $MgCl_2$ 溶液为例，$MgCl_2$ 是强电解质，在溶液中是完全电离的；$MgCl_2 \rightleftharpoons Mg^{2+} + 2Cl^-$；1mol $MgCl_2$ 电离产生 1mol Mg^{2+} 和 2mol Cl^- 共计 3mol 离子，所以 $MgCl_2$ 溶液的渗透浓度是其溶液浓度的 3 倍，即 $c_{os} = 3c_B$。

（六）等渗溶液在临床上的应用

除输液外，等渗溶液广泛应用于临床工作的许多方面。例如，给患者换药时，通常用与组织细胞液等渗的生理盐水冲洗伤口，若用纯水或高渗盐水会引起疼痛。眼药水必须和眼组织具有相同的渗透压，否则也会引起疼痛。

（七）临床上最常用的等渗溶液

临床上最常用的两种等渗溶液其浓度在临床上可能有多种表示方法。

（1）0.154mol/L NaCl 溶液，又称生理盐水，也可表示为 9g/L NaCl 溶液及 0.9%（g/mL）NaCl 溶液。

（2）0.278mol/L 葡萄糖溶液，也可表示为 50g/L 葡萄糖溶液及 5%（g/mL）葡萄糖溶液。

五、学习目标检测

（一）选择题

1. 下列氯化钠溶液与人体血浆是等渗溶液的是（　　）。
　　A. 1mol/L　　　　B. 0.154mol/L　　　C. 0.9g/L　　　　D. 9%（g/mL）

2. 将红细胞置于 9%（g/mL）NaCl 溶液中，红细胞发生的变化是（　　）。
　　A. 沉淀　　　　B. 溶血　　　　C. 逐渐萎缩　　　　D. 不变

3. 下列各组溶液属于等渗溶液的是（　　）。
　　A. 0.1mol/L 葡萄糖溶液和 0.1mol/L NaCl 溶液
　　B. 200mmol/L 葡萄糖溶液和 100mmol/L NaCl 溶液
　　C. 18g/L 葡萄糖溶液和 9g/L NaCl 溶液
　　D. 1mol/L 葡萄糖溶液和 0.5mol/L 葡萄糖溶液

4. 溶剂分子透过半透膜从稀溶液进入浓溶液的现象，称为（　　）。
　　A. 扩散　　　　B. 溶解　　　　C. 混合　　　　D. 渗透

5. 下列渗透压最小的溶液是（　　　）。

　　A. 0.1mol/L AlCl$_3$ 溶液　　　　　　　B. 0.15mol/L CaCl$_2$ 溶液

　　C. 0.15mol/L NaCl 溶液　　　　　　　D. 0.2mol/L 葡萄糖溶液

6. 0.149mol/L NaHCO$_3$ 溶液的渗透浓度是（　　　）。

　　A. 0.149mol/L　　B. 149mol/L　　　C. 0.298mol/L　　D. 298mol/L

7. 将红细胞置于等渗溶液中，红细胞会（　　　）。

　　A. 保持正常状态　B. 皱缩　　　　　C. 溶血　　　　D. 破裂

（二）填空题

1. 在相同温度下，渗透压相等的两种溶液，称为＿＿＿＿＿＿＿＿；对于渗透压不相等的两种溶液，渗透压高的溶液称为＿＿＿＿＿＿＿＿，渗透压低的溶液称为＿＿＿＿＿＿＿＿。

2. 凡临床上注射用的溶液，渗透浓度在＿＿＿＿＿＿＿＿范围内的溶液称为等渗溶液；渗透浓度低于＿＿＿＿＿＿＿＿的称为低渗溶液；渗透浓度高于＿＿＿＿＿＿＿＿的称为高渗溶液。

3. 0.154mol/L NaCl 溶液的渗透浓度是＿＿＿＿＿＿＿＿mmol/L，0.278mol/L 葡萄糖溶液的渗透浓度是＿＿＿＿＿＿＿＿mmol/L，0.149mol/L NaHCO$_3$ 溶液的渗透浓度是＿＿＿＿＿＿＿mmol/L，它们都是临床上常用的＿＿＿＿＿＿＿＿溶液。

（三）简答题

1. 红细胞在 2.78mol/L 葡萄糖溶液中会逐渐萎缩，试分析其原因。

2. 为什么大量补液要使用等渗溶液？使用高渗溶液要注意什么？

3. 非电解质溶液与强电解质溶液在计算渗透浓度时有什么不同？

（丁宏伟）

化学反应速率和化学平衡

第1节　化学反应速率

一、学习目标导航

1. 了解化学反应速率的概念及单位。
2. 熟悉化学反应速率的相关计算。
3. 掌握影响化学反应速率的因素。

二、学习重点与难点

1. 本节学习重点是化学反应速率的相关计算、化学反应速率的影响因素。
2. 本节学习难点是影响化学反应速率的因素。

三、相关知识链接

（一）物理变化与化学变化

（1）物理变化是指变化时没有生成其他物质的变化。如汽油的挥发、木材制成家具、铁铸成锅、蜡烛受热熔化、秸秆粉碎等都是物理变化。物理变化常伴随有状态、形状、大小等改变的现象。

（2）化学变化是指变化时生成其他物质的变化，又称化学反应。如易燃物的燃烧、钢铁生锈等都是化学变化。在化学反应中除生成其他物质外，还伴随放热、发光、变色、放出气体、生成沉淀等现象，这些现象常可以帮助判断是否发生了化学反应。

（二）化学反应的基本类型

初中阶段所学的四大基本反应类型包括化合反应、分解反应、置换反应和复分解反应。

1. 化合反应　两种或者两种以上的物质生成一种物质的反应，称为化合反应。化合反应的字母关系式可表示为 $A + B \longrightarrow C$。例如，

$$CaO + H_2O = Ca(OH)_2$$

2. 分解反应　一种物质分解成两种或者两种以上物质的反应，称为分解反应。分解反应的字母关系式可表示为 $A \longrightarrow B + C$。例如，

$$2HgO \underset{}{\overset{\triangle}{=\!=\!=}} 2Hg + O_2 \uparrow$$

3. 置换反应　一种单质和一种化合物反应，生成另一种单质和另一种化合物的反应，

称为置换反应。置换反应的字母关系式可表示为 A + BC $\longrightarrow$ AC + B。例如，

$$Fe + 2HCl = FeCl_2 + H_2\uparrow$$

4. 复分解反应　由两种化合物互相交换成分，生成另外两种化合物的反应，称为复分解反应。复分解反应的字母关系式可表示为 AB + CD $\longrightarrow$ AD + CB。例如，

$$CuSO_4 + BaCl_2 = CuCl_2 + BaSO_4\downarrow$$

（三）物质的量浓度

1. 定义　溶液中溶质 B 的物质的量除以溶液的体积，称为溶质 B 的物质的量浓度。符号：$c(B)$ 或 c_B。

2. 数学表达式

$$c_B = \frac{n_B}{V}$$

3. 常用单位　mol/L（摩尔每升）；辅助单位：mmol/L（毫摩尔每升）、μmol/L（微摩尔每升）；三者的关系为 1mol/L = 10^3mmol/L = 10^6μmol/L。

4. 体积　定义中的体积是溶液的体积，而不是溶剂的体积；体积以 L（升）为单位。

（四）有效碰撞理论

有效碰撞理论认为，发生化学反应的首要条件是反应物分子之间必须相互碰撞。反应物分子间碰撞的机会很多，但并非每一次碰撞都能发生化学反应，在无数次的碰撞中，大多数分子在碰撞后又立即分开，并不发生化学反应，只有那些能量比反应物分子的平均能量高得多的分子间的碰撞，才能发生反应。能够发生化学反应的分子间的碰撞称为有效碰撞。能够发生有效碰撞的分子称为活化分子。活化分子比一般分子具有更高的能量。

四、教材内容精解

（一）化学反应速率

1. 化学反应的快与慢　不同的化学反应进行的快慢程度相差很大。例如，炸药爆炸在瞬间结束；牛奶变质、钢铁生锈、塑料的老化等则较缓慢；溶洞、煤、石油的形成则极为缓慢。在实际应用和科学研究中，需要对化学反应的快慢采取定量表述或比较。

2. 化学反应速率的概念　化学反应速率（以符号 v 来表示）是用来衡量化学反应快慢的物理量，常用单位时间内某种反应物浓度的减少或某种生成物浓度的增加量来表示。浓度常以 mol/L 为单位，时间以秒（s）、分钟（min）或小时（h）为单位。

3. 表达式和单位　其数学表达式为 $v = \Delta c/\Delta t$。式中，v 表示化学反应速率；c 表示反应物或生成物的浓度；t 表示时间；Δc 表示其浓度变化（$\Delta c = c_2 - c_1$）；Δt 表示时间变化（$\Delta t = t_2 - t_1$）。化学反应速率的单位可以用 mol/(L·s)、mol/(L·min)、mol/(L·h)等表示。

4. 同一化学反应中各物质反应速率的关系　对于任意一个反应，$mA + nB = pY + qZ$。式中，A 和 B 表示反应物；Y 和 Z 表示生成物；m、n、p、q 表示反应系数。因此该反应的化学反应速率之比 $v(A):v(B):v(Y):v(Z) = m:n:p:q$。

（二）化学反应速率的影响因素

1. 浓度对化学反应速率的影响　由于发生化学反应的首要条件是反应物分子之间必须相互碰撞，所以当反应物浓度增大时，单位体积内分子数增多，分子间的碰撞机会增多，有效碰撞次数同样增多，化学反应速率增大。反之，减小反应物的浓度，可以减小化学反应速率。

2. 压强对化学反应速率的影响　对于有气体参加的反应，当其他条件不变时，增大压强，气体反应物的体积减小，相当于增大气体反应物的浓度，可增大化学反应速率；减小压强，气体的体积扩大，相当于气体反应物的浓度减小，可减小化学反应速率。

由此可见，压强对反应速率的影响可归结为浓度对反应速率的影响。若反应物为固体、液体，由于改变压强对它们体积的影响极小，它们的浓度几乎不会发生变化。因此，压强对固体或液体物质间的反应速率没有影响。

3. 温度对化学反应速率的影响　温度升高，反应物分子的能量提高，分子运动速率加快，分子间的碰撞机会增多，有效碰撞次数同样增多，化学反应速率增大；实验测得：当其他条件不变时，温度每升高 10℃，化学反应速率增大到原来的 2～4 倍。降低温度，正好相反，化学反应速率减小。

4. 催化剂对化学反应速率的影响　催化剂能显著地影响化学反应速率。一般所说的催化剂是指正催化剂，正催化剂可以显著降低反应所需的能量，使分子之间有效碰撞次数大大增加，化学反应速率显著加快。负催化剂正好相反。

影响化学反应最主要的因素是内因，是反应物本身的性质。在影响化学反应速率的四种主要外界因素中，催化剂的影响最显著，其次是温度的影响，浓度和压强对反应速率的影响相对于催化剂和温度要小得多。

五、学习目标检测

（一）选择题

1. 化学反应速率可用单位时间内（　　　）来表示。
   A. 生成物物质的量的增加　　　　B. 生成物物质的量浓度的增加
   C. 反应物物质的量的减少　　　　D. 反应物物质的量浓度的增加

2. 下列关于化学反应速率的论述中，正确的是（　　　）。
   A. 化学反应速率可用某时刻生成物的物质的量来表示
   B. 在同一反应中，用反应物或生成物表示的化学反应速率数值是相同的
   C. 化学反应速率是指反应进行的时间内，反应物浓度的减小或生成物浓度的增加
   D. 可用单位时间内氢离子物质的量浓度的变化来表示 NaOH 和 H_2SO_4 的反应速率

3. 一定条件下，在一密闭容器中将 1.0mol/L 的 N_2 与 3.0mol/L 的 H_2 合成氨，反应 2s 时测得 NH_3 的浓度为 0.8mol/L，用氨气浓度的增加来表示该反应的反应速率时，该反应的反应速率为（　　　）。
   A. 0.2mol/(L·s)　　　　　　　　B. 0.4mol/(L·s)
   C. 0.6mol/(L·s)　　　　　　　　D. 0.2mol/(L·s)

（二）填空题

1. 化学反应速率通常用_____来表示，单位一般为_____、_____或_____。

2. 化学反应速率的影响因素有_____、_____、_____和_____。

3. 夏天将容易变质的食物放入冰箱中保存是因为_____。

4. 尿糖的测定、尿蛋白的检查需要在加热条件下进行是因为_____。

5. 在 2L 的密闭容器中，发生下列反应：$3A(g) + B(g) \Longrightarrow xC(g) + 2D(g)$。5min 后生成 1mol D，经测定 5min 内 C 的平均反应速率为 0.1mol/(L·min)，则 $x =$ _____。

第 2 节 化 学 平 衡

一、学习目标导航

1. 掌握可逆反应和化学平衡的概念。
2. 熟悉化学平衡的特征。
3. 掌握化学平衡的影响因素及原因。

二、学习重点与难点

1. 本节学习重点是可逆反应、化学平衡的概念及化学平衡的移动原理。
2. 本节学习难点是影响化学平衡的因素。

三、相关知识链接

（一）饱和溶液与溶解度

在一定温度下，一定量的溶剂中，不能再溶解某种溶质的溶液称为这种溶质的饱和溶液。在一定温度下，某固态物质在 100g 溶剂中达到饱和状态时所溶解的溶质的质量，称为这种物质在这种溶剂中的溶解度。

很多物质在溶解于某种溶剂时，都存在溶解限度的问题，溶解度就是对这种限度的定量表述。例如，氯化钠在 10℃的溶解度是 36g，在 80℃是 38g；即在 10℃时，100g 水中最多只能溶解 36g 氯化钠，加热到 80℃时，最多可溶解 38g。

（二）溶解平衡

当温度一定时，在一定量溶剂中所能溶解溶质的量的最大值就是溶质在这种溶剂中的溶解度，如果加入的溶质的量超过溶解度，会有一部分固体不能溶解。此时，会出现溶解和结晶两个过程，并且达到溶解平衡。在达到溶解平衡状态时，溶解和结晶的过程并没有停止，只是速率相等。因此溶解平衡是一个可逆过程，溶解平衡状态是一种动态平衡。

影响溶解平衡的因素有溶剂的量、温度，改变溶剂的量和温度都会使溶解平衡发生变化。

四、教材内容精解

（一）可逆反应
1. 可逆反应和不可逆反应

像溶解平衡这类过程称为可逆过程，表述可逆过程用可逆符号"$\Longrightarrow$"表示。只有少数化学反应是不可逆反应，绝大多数化学反应是可逆反应、可逆过程，在可逆反应中，通常把从左向右进行的反应称为正反应，从右向左进行的反应称为逆反应。例如，

$$N_2 + 3H_2 \xrightleftharpoons[\text{逆反应}]{\text{正反应}} 2NH_3$$

此反应中 $N_2 + 3H_2 \longrightarrow 2NH_3$ 称为正反应，$2NH_3 \longrightarrow N_2 + 3H_2$ 称为逆反应。

2. 可逆反应的特点

（1）相同条件，正、逆反应同时进行。

（2）反应物不能全部转化为生成物，反应物总有剩余。

（3）在给定的条件下，正反应、逆反应会达到平衡状态。

（4）平衡时反应体系中反应物和生成物同时存在。

（二）化学平衡

1. 定义　在一定条件下的可逆反应中，当正反应速率和逆反应速率相等时，反应物的浓度和生成物的浓度不再随时间而改变的状态称为化学平衡。

2. 化学平衡的特征　化学平衡具有"等""动""定""变"的特征。化学平衡的研究对象是可逆反应，达到化学平衡的根本标志是 $v_{正} = v_{逆} \neq 0$。

化学平衡状态是可逆反应能够进行的最大限度，已经建立的化学平衡状态，在其他条件（如温度、压强等）不变的情况下，各反应物和生成物的浓度都不再随时间而变化，保持恒定，不会随时间的延长而改变。

（三）化学平衡的移动

（1）一个可逆反应达到平衡状态后，如果浓度、压强、温度等反应条件改变，平衡混合物中各物质的浓度随着改变而达到新的平衡状态。这种由平衡状态向新平衡状态的变化过程，称为化学平衡的移动。

$$\text{某条件下的平衡} \xrightarrow{\text{改变条件}} \text{不平衡} \xrightarrow{\text{一定时间}} \text{新条件下的平衡}$$

（2）化学平衡移动的原因是反应条件的改变，而化学平衡移动的结果是正、逆反应速率发生了变化，平衡混合物中各反应物和生成物浓度发生了改变。

（3）影响平衡移动的因素如下。

浓度对化学平衡的影响：在其他条件不变时，增大反应物的浓度或减小生成物的浓度，平衡向正反应方向（即向右）移动；增大生成物的浓度或减小反应物的浓度，平衡向逆反应方向（即向左）移动。

压强对化学平衡的影响：在其他条件不变的情况下，增大压强，化学平衡向着气体分子数减少（即气体体积缩小）的方向移动；减小压强，化学平衡向着气体分子数增多（即气体体积增大）的方向移动。

温度对化学平衡的影响：在可逆反应中，如果正反应是放热反应，那么逆反应就是吸热反应，而且放出的热量和吸收的热量相等。在其他条件不变时，升高温度，化学平衡向吸热反应方向移动；降低温度，化学平衡向放热反应方向移动。

五、学习目标检测

（一）选择题

1. 在一定条件下，可逆反应 $A(g) + 3B(g) \rightleftharpoons 2C(g)$ 达到平衡的标志是（　　）。

　　A. C 生成的速率和 C 分解的速率相等

　　B. 单位时间消耗 $n\,\text{mol}\,A$，同时生成 $3n\,\text{mol}\,B$

C. A、B、C 的浓度不再变化

D. A、B、C 的分子数比为 1∶3∶2

2. 在高温下反应：$2HBr(g) \rightleftharpoons H_2(g) + Br_2(g)$（正反应为吸热反应）达到平衡时，若要混合气体的颜色加深，可采取的方法是（　　）。

A. 减小压强　　B. 缩小体积　　C. 升高温度　　　D. 增大氢气浓度

3. 可逆反应 $mM(s) + nN(g) \rightleftharpoons pP(g) + qQ(g)$ 达到平衡后，增大压强，平衡右移，下列关系一定成立的是（　　）。

A. $m+n > p+q$　　B. $m+n < p+q$　　C. $n > p+q$　　　D. $n = p+q$

4. 下列说法正确的是（　　）。

A. 在其他条件不变时，增加反应物的浓度可以使化学平衡向逆反应的方向移动

B. 在其他条件不变时，升高温度可以使化学平衡向放热反应的方向移动

C. 在其他条件不变时，增大压强会破坏有气体存在的反应的平衡状态

D. 在其他条件不变时，使用催化剂可以改变化学反应速率，但不能改变化学平衡状态

（二）填空题

1. 同一条件下，能同时向两个相反方向进行的双向反应，称为_____。

2. 影响化学平衡移动的因素有_____、_____和_____。

3. 化学平衡状态的主要特征是_____。

4. 密闭容器中发生如下反应：$A(g) + 2B(g) \rightleftharpoons 2C(g)$，700K 时达到平衡。

（1）充入气体 A，使其浓度扩大 2 倍，平衡移动情况_____。（填"向左"、"向右"、"不变"或"不同"，下同）

（2）若充入气体 C，使其浓度扩大 2 倍，平衡移动情况_____。

（三）简答题

可逆反应 $N_2 + 3H_2 \rightleftharpoons 2NH_3$ 达到平衡时，（1）要使平衡向右移动，怎样改变反应物的浓度？（2）若降低温度，平衡向左移动，生成 NH_3 的反应是放热反应还是吸热反应？（3）要使平衡向左移动，怎样改变体系中的压强？

（冯文静）

电解质溶液

第1节　弱电解质的电离平衡

一、学习目标导航

1. 掌握强、弱电解质的概念，能写出常见的电离方程式。
2. 熟悉弱电解质的电离平衡及影响因素。
3. 了解弱电解质的电离度。
4. 了解同离子效应。

二、学习重点与难点

1. 本节学习重点是弱电解质的概念及弱电解质的电离平衡。
2. 本节学习难点是弱电解质的电离及弱电解质电离平衡的移动。

三、相关知识链接

（一）电解质与非电解质

（1）电解质是指在水溶液中或熔融状态下能导电的化合物。电解质导电是因为在溶解或熔融时电离产生了自由移动带电的阴离子和阳离子，从而具有了导电性。例如，$NaCl$ 在水溶液或熔融时电离产生了带正电的 Na^+ 和带负电的 Cl^-，从而具有导电性。

（2）非电解质是指在水溶液中或熔融状态下都不能导电的化合物。非电解质不能导电是因为在水溶液中或熔融两种状态下都不能电离产生离子。

电解质与非电解质都是化合物。

（二）第一类导体和第二类导体

根据导电粒子的不同，导体分为两类，第一类导体是金属，第二类导体是电解质。两者的区别：金属是单质，依靠自由移动的电子导电；电解质是化合物，依靠自由移动的阴离子与阳离子导电。

不同金属的导电能力是有差别的，常见金属导电性按银、铜、金、铝、锌、铁的顺序减弱。不同的电解质导电能力也是有差别的，强电解质溶液导电能力强，弱电解质溶液导电能力弱。

（三）可逆反应和化学平衡

在同一反应条件下，能同时向两个相反方向进行的化学反应，称为可逆反应。

在一定条件下的可逆反应中，当正反应速率和逆反应速率相等时，反应物和生成物的浓度不再随时间而改变的状态称为化学平衡。

由于反应条件（浓度、压强、温度）的改变，可逆反应从一种平衡状态向另一种平衡状态转变的过程称为化学平衡的移动。

四、教材内容精解

（一）强电解质与弱电解质的比较

电解质类型	概念	化合物类型	电离程度	溶液中存在的粒子	举例
强电解质	在水溶液中能完全电离的电解质	强酸、强碱、大多数盐等	完全电离	不存在电解质分子，存在电离产生的阴、阳离子	HNO_3、$NaOH$、$NaCl$
弱电解质	在水溶液中只能部分电离的电解质	弱酸、弱碱、水等	部分电离	既存在电解质分子，又存在电离产生的阴、阳离子	CH_3COOH、$NH_3 \cdot H_2O$

（二）强电解质与弱电解质的电离特点

1. 强电解质的电离特点

（1）完全电离，电离后溶液中不存在电解质分子。

（2）电离过程是不可逆的，其电离方程式用不可逆符号"＝＝"或"——→"表示。

2. 弱电解质的电离特点

（1）部分电离，弱电解质在溶液中的电离都是微弱的。一般来说，弱电解质电离的分子是极少数，绝大多数仍以分子形式存在。

（2）电离过程是可逆的，在弱电解质溶液中，弱电解质分子电离出离子，而同时离子又可以重新结合成分子。因此，弱电解质的电离过程是可逆的，溶液中弱电解质分子和离子共存，其电离方程式用可逆符号"⇌"表示。

（三）弱电解质的电离平衡

1. 电离平衡　在一定条件下（如温度、浓度一定），当弱电解质分子电离成离子的速率与离子重新结合成弱电解质分子的速率相等时（$v_{电离} = v_{结合}$），电离就达到了平衡状态，称为电离平衡。

2. 电离平衡的特点　电离平衡像化学平衡一样，具有"等""动""定""变"的特征，达到电离平衡时的根本标志是 $v_{电离} = v_{结合} \neq 0$。

（四）电离度

电离度反映了弱电解质的相对强弱。电解质越弱，其电离度越小。影响弱电解质电离度的因素除与弱电解质的本性有关外，还与溶液的温度及浓度有关。

电离度是指在一定温度下，当弱电解质在溶液中达到电离平衡时，已电离的弱电解质分子数占电离前该弱电解质分子总数的百分数。

对于强电解质，电离度没什么意义，强电解质是全部电离的，已电离的强电解质分子数＝电离前该强电解质分子总数，所以强电解质的电离度都是100%。

（五）影响电离平衡的因素

1. 温度的影响

由于电离过程吸热，因此升高温度后电离平衡向电离方向（向右）移动，弱电解质的电离度将增大。

2. 浓度的影响

（1）加水稀释后，电离平衡向右移动，弱电解质的电离度增大。

（2）加入能与弱电解质电离出的离子反应的物质，如乙酸溶液中加入 NaOH，OH^- 与 $CH_3COOH \rightleftharpoons H^+ + CH_3COO^-$ 电离出的 H^+ 反应，电离平衡向右移动，使乙酸的电离度增大。

（3）加入同种离子，在弱电解质溶液里，加入与该弱电解质具有共同离子的强电解质时，电离平衡向左移动，使弱电解质的电离度减小，这种效应称为同离子效应。

同离子效应是化学平衡移动的一种，弱电解质离子浓度增大，使平衡向逆过程即弱电解质分子生成的方向移动。

五、学习目标检测

（一）选择题

1. 下列物质是强电解质的是（　　）。

　　A. 水银　　　　　B. 硫酸　　　　　C. 酒精　　　　　D. 乙酸

2. 滴有酚酞溶液的 0.1mol/L 氨水中加入少量的 NH_4Cl 晶体，则溶液颜色（　　）。

　　A. 变浅　　　　　B. 变深　　　　　C. 不变　　　　　D. 变蓝色

3. 下列电离方程式错误的是（　　）。

　　A. $CH_3COOH \rightleftharpoons H^+ + CH_3COO^-$　　　B. $NH_3 \cdot H_2O \rightleftharpoons NH_4^+ + OH^-$

　　C. $NH_4Cl \rightleftharpoons NH_4^+ + Cl^-$　　　　　D. $CaCl_2 = Ca^{2+} + 2Cl^-$

4. 下列有关乙酸电离平衡的叙述中，正确的是（　　）。

　　A. 溶液中氢离子的浓度不断变大

　　B. 溶液中乙酸分子的浓度不断变小

　　C. 溶液中各种分子、离子的浓度不再变化

　　D. 溶液中乙酸分子的浓度和乙酸根离子的浓度相等

5. 常温下，在纯水中加入少量酸或碱后，水的离子积（　　）。

　　A. 增大　　　　　B. 减小　　　　　C. 不变　　　　　D. 无法判断

6. 下列溶质的溶液中 $c(H^+)$ 相同，则物质的量浓度最小的是（　　）。

　　A. HCl　　　　　B. H_2SO_4　　　　　C. HNO_3　　　　　D. CH_3COOH

7. 1mol 下列物质，在水中能电离出 3mol 离子的是（　　）。

　　A. H_2CO_3　　　　B. $Fe_2(SO_4)_3$　　　　C. $Ba(OH)_2$　　　　D. NaCl

（二）填空题

1. 根据化合物的水溶液和熔融状态下能否导电，可将化合物分为_____和_____；在水溶液中能导电的化合物，根据导电能力的强弱又可将其分为_____和_____。

2. 现有①硝酸铜、②硫酸钠、③盐酸、④氢氧化钾、⑤葡萄糖、⑥镁、⑦氨水、⑧小

苏打、⑨碳酸,其中属于强电解质的有_____(填序号,下同),属于弱电解质的有_____,不是电解质的有_____。

(三)简答题

1. 相同温度下,物质的量浓度均为 1mol/L 的盐酸、硫酸、乙酸三种溶液,比较三者的导电能力大小。

2. 在 0.1mol/L 乙酸溶液中,加入少量 0.1mol/L 盐酸或 0.1mol/L 氢氧化钠,乙酸的电离平衡向哪个方向移动? 若要使乙酸发生同离子效应,可以加入哪种化合物?

第 2 节　水的电离和溶液的酸碱性

一、学习目标导航

1. 了解水的离子积。
2. 掌握溶液酸碱性的表示方法。
3. 掌握溶液 pH 的简单计算。

二、学习重点与难点

1. 本节的学习重点是溶液酸碱性的表示方法。
2. 本节的学习难点是溶液 pH 的计算。

三、相关知识链接

(一)pH 试纸

pH 试纸是将试纸用多种酸碱指示剂的混合溶液浸透,经晾干后制成的。它对不同 pH 的溶液能显示不同的颜色,因此可迅速测出溶液的 pH。常用的 pH 试纸有广泛 pH 试纸和精密 pH 试纸。广泛 pH 试纸的范围是 1～14,可以识别 pH 的差值约为 1;精密 pH 试纸可以判别低至 0.2pH 或 0.3pH 的差异。

(二)pH 试纸的使用方法

取一小块 pH 试纸放在玻璃片上,用干净的玻璃棒蘸取待测溶液点在试纸的中部,在 30s 内与标准比色卡对照确定出溶液的 pH。

使用 pH 试纸不能测量溶液的 pH 时,不能用水将 pH 润湿。因为这样做将稀释待测溶液,可能导致测定的 pH 不准确。

(三)pH 的应用

1. 医疗上　当人体内的酸碱平衡失调时,血液的 pH 是诊断疾病的一个重要参数,而利用药物调控 pH 是辅助治疗的重要手段之一。

2. 农业生产上　因土壤的 pH 影响植物对不同形态养分的吸收及养分的有效性,各种农作物生长都对土壤的 pH 范围有一定要求。例如,水稻适宜生长的土壤 pH 为 6～7,马铃薯为 4.8～5.5,香蕉为 5.5～7。

（四）物质的量浓度

溶液中溶质 B 的物质的量除以溶液的体积，称为溶质 B 的物质的量浓度。符号用 $c(B)$ 或 c_B 表示，常用单位为 mol/L（摩尔每升）。

物质的量浓度是目前使用范围最广的浓度，一般所说的浓度都是指物质的量浓度。例如，$c(H^+)$ 读作氢离子浓度，$c(OH^-)$ 读作氢氧根离子浓度。

四、教材内容精解

（一）水的电离

水虽然是一种极弱的电解质，只能电离出极其少量的 H^+ 和 OH^-，但对溶液的酸碱性影响很大。

水的电离是吸热过程，水的电离与温度有关。25℃时，$K_w = c(H^+) \cdot c(OH^-) = 10^{-14}$。水的离子积 K_w 适用于纯水和各类稀溶液。无论在纯水或其他稀的酸性、碱性和中性水溶液中，都存在 H^+ 与 OH^-，且 H^+ 浓度与 OH^- 浓度的乘积都等于 10^{-14}，已知 $c(H^+)$ 可以计算出 $c(OH^-)$，反之亦然。

（二）溶液的 pH

（1）在稀溶液中，由于 $c(H^+)$ 很小，浓度表示溶液酸碱性很不方便，通常采用 pH 来表示溶液的酸碱性强弱，$pH = -\lg c(H^+)$。

（2）有关 pH 的简单计算。如果已知 $c(H^+) = 10^{-4}$ mol/L，则 $pH = A$；例如，$c(H^+) = 10^{-2}$ mol/L，则 $pH = 2$；$c(H^+) = 10^{-7}$ mol/L，则 $pH = 7$；$c(H^+) = 10^{-9}$ mol/L，则 $pH = 9$。

如果已知 $c(OH^-) = 10^{-4}$ mol/L，则 $pH = 14 - A$。例如，$c(OH^-) = 10^{-2}$ mol/L，则 $pH = 14 - 2 = 12$。

（三）溶液酸碱性的表示方法

溶液的酸碱性常用 $c(H^+)$ 和 pH 两种方法表示。pH 通常范围为 0～14。$pH = 0$ 的溶液中 $c(H^+) = 1$ mol/L。当溶液的 $c(H^+)$ 小于 1 mol/L 时，计算出的 $pH > 0$，这时用 pH 表示溶液的酸碱性更方便。当溶液的 $c(H^+)$ 大于 1 mol/L 时，直接用 $c(H^+)$ 来表示溶液的酸碱性更方便；因为此时计算出的 $pH < 0$，pH 是负数，用 pH 表示溶液的酸碱性反而不方便。

（四）溶液的酸碱性与 $c(H^+)$ 和 pH 的关系

酸性溶液：$c(H^+) > 1.0 \times 10^{-7}$ mol/L，$pH < 7$；

中性溶液：$c(H^+) = 1.0 \times 10^{-7}$ mol/L，$pH = 7$；

碱性溶液：$c(H^+) < 1.0 \times 10^{-7}$ mol/L，$pH > 7$。

溶液的 pH 越小，$c(H^+)$ 越大，酸性越强，碱性越弱；溶液的 pH 越大，$c(H^+)$ 越小，酸性越弱，碱性越强。

五、学习目标检测

（一）选择题

1. 下列溶液中，酸性最强的是（　　　）。

    A. pH = 5   B. $c(H^+) = 1 \times 10^{-4}$ mol/L

    C. $c(OH^-) = 1 \times 10^{-6}$ mol/L   D. $c(OH^-) = 1 \times 10^{-12}$ mol/L

2. 25℃，pH = 12 的强碱溶液与 pH = 2 的强酸溶液混合，所得溶液的 pH = 7，则强碱与强酸的体积比是（　　　）。

    A. 11∶1   B. 9∶1   C. 1∶1   D. 1∶9

  3. 在正常人体的下列体液中，pH 一定大于 7 的是（　　　）。

    A. 唾液   B. 胃液   C. 血液   D. 尿液

  4. 关于 25℃时 pH = 0 的溶液的说法中，错误的是（　　　）。

    A. $c(H^+) = 0$mol/L   B. $c(OH^-) = 10^{-14}$mol/L

    C. $c(H^+) \cdot c(OH^-) = 10^{-14}$ D. $c(H^+) > c(OH^-)$

  5. 将 pH = 5 的盐酸加水稀释 1000 倍后，溶液的 pH 为（　　　）。

    A. 8   B. 7   C. 略小于 7   D. 大于 7

（二）填空题

  1. 中性溶液的 $c(H^+)$＿＿＿＿，pH＿＿＿＿，酸性溶液的 $c(H^+)$＿＿＿＿，pH＿＿＿＿，碱性溶液的 $c(H^+)$＿＿＿＿，pH＿＿＿＿。

  2. 在纯水和溶液中，$c(H^+)$ 和 $c(OH^-)$ 是相互制约的。$c(H^+)$ 增大，$c(OH^-)$ 则＿＿＿＿；$c(H^+)$ 减小，$c(OH^-)$ 则＿＿＿＿；其中任何一种离子的浓度无论多小，都不可能等于＿＿＿＿。

  3. 正常人血液的 pH 在＿＿＿＿之间。临床上，将患者血液 pH 范围＿＿＿＿的诊断为酸中毒，将患者血液 pH 范围＿＿＿＿的诊断为碱中毒。

  4. 水是一种极弱的电解质，其电离方程式为＿＿＿＿＿＿＿＿＿＿＿＿，水的离子积常数 K_w 的表达式为＿＿＿＿＿＿＿＿＿＿。

  5. 测试溶液 pH，最简便常用的方法是使用＿＿＿＿＿＿＿＿＿＿。

（三）简答题

  1. 常温下，某酸溶液的 pH = 2，则该酸溶液的物质的量浓度为 0.01mol/L，对吗？为什么？

  2. 某氢氧化钠溶液 400mL，含氢氧化钠溶质 0.16g，求溶液的 pH。

第 3 节　盐类的水解

一、学习目标导航

  1. 熟悉盐类水解的概念。

  2. 了解盐类水解的类型及盐溶液的酸碱性。

二、学习重点与难点

  1. 本节学习重点是盐类水解的概念。

  2. 本节学习难点是运用盐类水解的规律，判断盐溶液的酸碱性。

三、相关知识链接

  （一）酸、碱、盐的概念

  1. 酸　酸是指电离时生成的阳离子全部是氢离子的化合物。盐酸（HCl）、硝酸（HNO₃）、硫酸（H_2SO_4）等属于酸类，它们在水溶液中电离生成的阳离子全部是氢离子，如盐酸的电离方程式：$HCl \xrightarrow{\hspace{1cm}} H^+ + Cl^-$。

2. 碱　碱是指电离时生成的阴离子全部是氢氧根离子的化合物。氢氧化钠（NaOH）、氢氧化钾（KOH）、氢氧化钡（$Ba(OH)_2$）等属于碱，它们在水溶液中电离生成的阴离子全部是氢氧根离子，如氢氧化钠的电离方程式：$NaOH \xrightarrow{\hspace{1cm}} Na^+ + OH^-$。

3. 盐　盐是指电离时生成金属离子和酸根离子的化合物。氯化钠（NaCl）、氯化铵（NH_4Cl）、碳酸钠（Na_2CO_3）等属于盐，如氯化钠的电离方程式：$NaCl \xrightarrow{\hspace{1cm}} Na^+ + Cl^-$。

（二）水的电离

在酸、碱、盐的水溶液中都存在水的电离平衡：$H_2O \rightleftharpoons H^+ + OH^-$，而且在一定温度下，$c(H^+) \cdot c(OH^-) = K_w$ 为一常数，常温时 $K_w = 1.0 \times 10^{-14}$。当在水中加入酸或碱时，由于 $c(H^+)$ 或 $c(OH^-)$ 增大，水的电离向左移动，水的电离程度减小，但 $c(H^+) \cdot c(OH^-) = K_w = 1.0 \times 10^{-14}$ 不变。

（三）碳酸钠

碳酸钠俗名纯碱或苏打，其水溶液显碱性，日常生活中可用于中和发酵面团中的酸性物质并产生二氧化碳，面团中的二氧化碳受热膨胀使蒸熟的馒头或面包产生大量气孔。

四、教材内容精解

（一）盐溶液的酸碱性及其成因

某些盐溶于水时，电离出的阴离子或阳离子可分别与水电离出的 H^+ 或 OH^- 结合生成弱酸或弱碱，破坏了水的电离平衡，使盐溶液呈碱性或酸性。

盐的类型及其溶液的酸碱性

盐的类型	强酸弱碱盐	强碱弱酸盐	强酸强碱盐
实例	NH_4Cl	CH_3COONa	NaCl
是否水解	水解	水解	不水解
水解的离子	弱碱的阳离子，如 NH_4^+	弱酸的阴离子，如 CH_3COO^-	无
对水的电离的影响	促进水的电离且 $c(H^+) > c(OH^-)$	促进水的电离且 $c(H^+) < c(OH^-)$	无影响
溶液的酸碱性	酸性	碱性	中性
pH	pH < 7	pH > 7	pH = 7

（二）盐类水解规律

判断盐类能否水解及水解后溶液的酸碱性，要看构成盐的离子所对应的酸或碱的相对强弱。其水解规律是：有弱才水解，无弱不水解，越弱越水解，都弱都水解；谁强显谁性，都强显中性。

强酸弱碱盐中是弱碱阳离子发生水解，酸强碱弱显酸性。强碱弱酸盐中是弱酸阴离子发生水解，碱强酸弱显碱性。弱酸弱碱盐中弱酸阴离子、弱碱阳离子都水解，至于水解显酸性还是碱性，要看构成盐的离子所对应的酸或碱的相对强弱，谁强显谁性。强酸强碱盐中无弱不水解，都强显中性。

（三）盐类水解方程式的书写

（1）盐类水解反应与酸碱中和反应互为可逆反应；在这对可逆反应中，酸碱中和反应程度大，盐类水解反应一般很微弱，水解方程式中要用可逆符号"$\rightleftharpoons$"，而生成物中不标"↑"或"↓"符号。

（2）多元弱酸盐的水解是分步进行的，且一步比一步难，以第一步水解为主，一般只写第一步的水解方程式。例如，Na_2CO_3 的水解可表示为

$$Na_2CO_3 + H_2O \rightleftharpoons NaHCO_3 + NaOH$$

$$CO_3^{2-} + H_2O \rightleftharpoons HCO_3^- + OH^-$$

（3）多元弱碱盐的水解较复杂，中学阶段常简化为一步水解。例如，$AlCl_3$ 水解表示为 $AlCl_3 + 3H_2O \rightleftharpoons Al(OH)_3 + 3HCl$ 或 $Al^{3+} + 3H_2O \rightleftharpoons Al(OH)_3 + 3H^+$。

五、学习目标检测

（一）选择题

1. 下列盐中，不能发生水解反应的是（   ）。

    A. Na_2CO_3 B. Na_2SO_4 C. $NaHCO_3$ D. Na_2S

2. 下列盐溶液的离子中，能够发生水解反应的是（   ）。

    A. K^+ B. NO_3^- C. NH_4^+ D. SO_4^{2-}

3. 下列盐溶液中，pH＜7 的是（   ）。

    A. NH_4Cl B. CH_3COONa C. $NaNO_3$ D. Na_2CO_3

4. 下列物质加入水中，因水解而使溶液呈酸性的是（   ）。

    A. NH_4Cl B. $NaHSO_4$ C. $NaHCO_3$ D. SO_2

5. 下列物质能使水的电离平衡逆向移动，形成的溶液呈碱性的是（   ）。

    A. H_2SO_4 B. $NaOH$ C. Na_2CO_3 D. NH_4Cl

（二）填空题

1. 在盐溶液中，盐电离出的_____与水电离出的_____或_____结合成_____的反应，称为盐类的水解。

2. 盐溶液的酸碱性与盐的组成密切相关。强酸弱碱盐的水溶液显_____性；强碱弱酸盐的水溶液显_____性。

3. 判断下列盐溶液的酸碱性：Na_2CO_3 显_____，NH_4Cl 显_____，$NaNO_3$ 显_____。

4. 明矾常作净水剂，其水溶液（含 Al^{3+}、K^+、SO_4^{2-} 等）呈_____性。

5. 25℃时，如果取 0.1mol/L CH_3COOH 溶液与 0.1mol/L $NaOH$ 溶液等体积混合（忽略混合后溶液体积的变化），测得混合溶液的 pH_____。

（三）简答题

1. 临床上为什么能用乳酸钠纠正酸中毒，用氯化铵纠正碱中毒？

2. $NaHSO_4$ 与 $NaHCO_3$ 都是酸式盐，为什么 $NaHSO_4$ 的水溶液显酸性，而 $NaHCO_3$ 的水溶液显碱性？

第4节 缓 冲 溶 液

一、学习目标导航

1. 掌握缓冲作用和缓冲溶液的概念。
2. 熟悉缓冲作用原理。
3. 了解缓冲溶液的组成、类型及其在医学上的意义。

二、学习重点与难点

1. 本节学习重点是缓冲作用的概念。
2. 本节学习难点是缓冲作用原理。

三、相关知识链接

（一）强电解质和弱电解质

强电解质是指在水溶液中能全部电离成阴、阳离子的电解质。

弱电解质是指在水溶液中只能部分电离成阴、阳离子的电解质。

（二）弱电解质电离平衡的移动

由于条件（浓度）改变，弱电解质由原来的电离平衡过渡到新的电离平衡的过程。

（三）同离子效应

在弱电解质溶液中，加入和弱电解质具有相同离子的强电解质，使该弱电解质的电离平衡向逆反应方向（向左）移动的效应，称为同离子效应。

四、教材内容精解

（一）缓冲溶液的概念

由弱酸及其盐、弱碱及其盐组成的混合溶液，能在一定程度上抵消、减轻外加强酸或强碱对溶液酸度的影响，从而保持溶液的 pH 相对稳定。这种溶液称为缓冲溶液。

（二）缓冲溶液的成分

缓冲溶液是一种混合溶液，这种混合溶液中有两种成分，一种作为抗酸成分，另一种作为抗碱成分，这两种成分构成一个缓冲对。例如，H_2CO_3-$NaHCO_3$ 两种成分组成的缓冲溶液中，$NaHCO_3$ 是抗酸成分，H_2CO_3 是抗碱成分。

（三）缓冲作用原理

以 H_2CO_3-$NaHCO_3$ 为例，$NaHCO_3$ 全部电离成 Na^+ 和 HCO_3^-，H_2CO_3 的电离度小，又因同离子效应使它的电离度更小，所以 H_2CO_3 在溶液中主要以分子形式存在。因此在 H_2CO_3-$NaHCO_3$ 这个缓冲溶液中，抗酸成分 HCO_3^- 和抗碱成分 H_2CO_3 的浓度都很大，远大于 H^+ 浓度。

当在这个缓冲溶液中加少量外来酸时，$HCO_3^- + H^+$（外来）$\rightleftharpoons H_2CO_3$；加少量外来碱时，$H_2CO_3 + OH^-$（外来）$\rightleftharpoons HCO_3^- + H_2O$，从而保持溶液的 pH 基本不变。

五、学习目标检测

（一）选择题

1. 下列各组溶液中，不能构成缓冲溶液的是（　　　）。

   A. $NH_3 \cdot H_2O$-NH_4Cl　　　　　　　　B. H_2CO_3-$NaHCO_3$

   C. HCl-NaOH　　　　　　　　　　　　D. NaH_2PO_4-Na_2HPO_4

2. 下列说法中，错误的是（　　　）。

   A. 缓冲溶液能够抵抗少量的酸或碱

   B. 强酸及其盐可以组成缓冲对

   C. 人体中的各种缓冲对能使体液的 pH 几乎保持不变

   D. 人体血液中的碳酸-碳酸氢盐缓冲对缓冲能力最强

（二）填空题

1. 能够对抗外来少量_____或_____而保持溶液_____几乎不变的作用称为缓冲作用，具有缓冲作用的溶液称为_____。

2. 常见的缓冲对有三种类型，分别为_____、_____和多元弱酸的酸式盐及其对应的次级盐。

3. 在 CH_3COOH-CH_3COONa 缓冲对中，抗酸成分是_____，抗碱成分是_____；在 $NH_3 \cdot H_2O$-NH_4Cl 缓冲对中，抗酸成分是_____，抗碱成分是_____。

4. 正常人体血液的 pH 总是维持在_____的范围。在血液中存在多种缓冲对，其中最重要的是_____，其抗酸成分是_____，抗碱成分是_____。

（三）简答题

以乙酸-乙酸钠缓冲对为例，简要说明缓冲作用原理。

（张自悟）

烃

第1节 有机化合物概述

一、学习目标导航

1. 掌握有机化合物、官能团、同分异构体的概念。
2. 熟悉有机化合物的结构特点。
3. 了解有机化合物的特性和分类。

二、学习重点与难点

1. 本节学习重点是有机化合物、官能团、同分异构体的概念。
2. 本节学习难点是有机化合物的结构特点。

三、相关知识链接

（一）共价键

1. 概念　原子间通过共用电子对形成的化学键称为共价键。
2. 形成条件　非金属元素原子间形成共价键。
3. 共价键的键参数　①键能：在 101.3kPa、25℃时，断开 1mol 气态 AB 分子的 AB 键生成气态 A 原子和气态 B 原子所吸收的能量；②键长：两个成键原子间的平均核间距；③键角：两个共价键之间的夹角。

（二）有机化学中常见化学式的作用

1. 分子式　表示元素的组成和原子个数。
2. 实验式　表示元素的组成和比例。
3. 电子式　表示分子中原子间的成键方式。
4. 结构式　表示分子中原子间的连接顺序和方式。
5. 结构简式　把结构中的碳原子等连接的氢原子合并构成简写的结构式，又称示性式。
6. 键线式　将碳、氢元素符号省略，用键线表示分子中键的连接状况，每个拐点或端点均表示有一个碳原子的式子。

（三）碳原子的成键特点

（1）碳原子最外电子层有 4 个电子，不易得电子或失电子形成阴离子或阳离子。一般只能通过共价键与氢、氧、氮、硫、磷等非金属原子结合。

（2）每个碳原子不仅能与其他非金属原子形成 4 个共价键，而且碳原子之间也能以共价键结合。

（3）碳原子之间不仅能形成稳定的单键，还可以形成稳定的双键或三键。

（4）多个碳原子可以相互结合成长短不一的碳链，碳链可以带有支链，碳原子还可以结合成碳环，碳链和碳环也可以相互结合。

（5）有机化合物中同分异构现象十分普遍。同分异构体含有的原子种类相同，每种原子数目也相同，但是其原子可能具有多种不同的结合方式，形成具有不同结构式的分子。

（四）官能团与物质性质的关系

物质的结构决定物质的性质，具有相同官能团的同类物质，它们的化学性质相似。

四、教材内容精解

（一）物质的分类

最初把物质分为无机物与有机物是从它们来源不同出发的，是很不科学的。现在是从物质的组成、结构、性质及变化的角度把物质划分为无机物与有机物的。

（二）有机物的特性

碳元素在自然界中的含量较少，但在已发现或人工合成的几千万种物质中，大部分是含碳的有机化合物。有机化合物特定的化学组成和结构，导致了其在物理性质和化学性质上与无机物不同。大多数有机物表现出易燃性、熔沸点低、难溶于水、稳定性差、反应速率慢、反应产物复杂等特性。

（三）有机物的结构

1. 有机化合物中元素的化合价　　常见元素的化合价：碳显 4 价、氢和卤素显 1 价、氧和硫显 2 价、氮和磷显 3 价。

化合价是元素的一种性质，表示元素之间相互化合的原子数目。有机化合物均有固定的组成，形成化合物的元素有固定的原子个数比，反映这个比值的就是元素的化合价。

有机化合物中元素少，涉及的化合价简单，化合价反映的是原子共用电子对的数目。有机化合物中元素的化合价通常没有变价，而且一般不讨论正价或负价。掌握常见元素的化合价是正确书写有机化合物结构式的基础。

2. 共价键的类型　　根据两个成键原子共用电子对数目的不同，共价键分为单键、双键、三键。

3. 同分异构体　　同分异构体要满足两个条件：一是分子组成相同，二是结构不同。

乙醇与甲醚的分子式都是 C_2H_6O，但两者的结构不同，导致性质上存在差别。同分异构现象在有机化合物中普遍存在，同分异构体的数量非常庞大。

（四）有机化合物的分类

1. 按构成有机化合物的碳链骨架分类

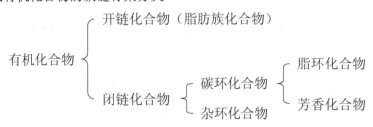

2. 按官能团分类　除了烷烃和芳香烃等少数有机化合物没有官能团外，绝大多数有机化合物都有官能团。官能团不仅决定了一类有机化合物的化学特性，还是有机化合物分类的重要根据。有机化合物的官能团不同，则类别不同，性质不同。牢记和区分各种不同的官能团是学习有机化合物的关键。

五、学习目标检测

（一）选择题

1. 下列物质不属于有机化合物的是（　　）。

    A. CH_3CH_2OH　　　B. CCl_4　　　　　C. CH_4　　　　　　　　D. CO_2

2. 有机物分子组成的特征是（　　）。

    A. 组成的元素有 1 种　　　　　　　　B. 一定含碳元素，且属于化合物的组成

    C. 组成的元素种类很多　　　　　　　D. 可以组成化合物，也可以组成单质

3. 下列叙述不是有机化合物一般特性的是（　　）。

    A. 易燃性　　　　B. 反应比较简单　C. 熔点低　　　　D. 难溶于水

4. 下列结构简式中，书写错误的是（　　）。

    A. CH_3CH_3　　　　　　　　　　　B. $CH_3CH_2NHCH_3$

    C. $CH_3CH_2OHCH_2CH_3$　　　　　D. $CH_3CH_2CH_3$

5. 下列不是有机物中化学键的是（　　）。

    A. 离子键　　　　B. 共价键　　　C. 双键　　　　　D. 三键

6. 下列各组有机物中不是同分异构体的是（　　）。

    A. $CH_3CH_2\text{-}CHO$ 与 $CH_3\text{-}CO\text{-}CH_3$　　B. $CH_3CH_2\text{-}COOH$ 与 $CH_3COO\text{-}CH_3$

    C. $CH_3CH_2\text{-}OH$ 与 $CH_3\text{-}O\text{-}CH_3$　　D. $CH_3CH_2\text{-}COOH$ 与 $CH_3\text{-}CO\text{-}COOH$

7. ⬡$\text{-}CH_3$ 是（　　）。

    A. 脂肪族化合物　B. 脂环化合物　C. 芳香化合物　　D. 杂环化合物

8. 下列有机物是羧酸的是（　　）。

    A. CH_3CH_2OH　　B. CH_3CHO　　C. CH_3COOH　　D. $CH_3CH_2NH_2$

（二）填空题

1. 所有的有机化合物都含有_____元素，绝大多数含有元素_____，还有一些有机化合物含有_____、_____、_____、_____等元素。

2. 有机物种类繁多的原因是_____和_____。

（三）判断题

1. 有机物就是从动植物体内获得的物质。（　　）

2. 所有的有机物中都含有碳元素。（　　）

3. 每一个分子式只能代表一种物质。（　　）

4. 有机物分子中的原子间以共价键结合。（　　）

5. 有机化合物中的碳原子最外层电子数是 4，所以其化学性质稳定。（　　　）

第 2 节　烷　烃

一、学习目标导航

1. 掌握烷烃的结构特点和命名。
2. 熟悉烃、烷烃和同系物的概念。
3. 了解烃的分类和烷烃的化学性质。

二、学习重点与难点

1. 本节学习重点是烷烃的结构特点和命名。
2. 本节学习难点是烷烃的命名。

三、相关知识链接

（一）同分异构体、同系物的比较

概念	组成	结构	性质
同分异构体	相同	不同	物理性质不同，化学性质不一定相同
同系物	相差一个或几个 CH_2 原子团	相似	物理性质不同，化学性质相似

（二）天干与地支

天干十个：甲、乙、丙、丁、戊、己、庚、辛、壬、癸。

地支十二个：子、丑、寅、卯、辰、巳、午、未、申、酉、戌、亥。

天干地支相配形成了古代纪年历法。天干地支纪年法是六十年一个轮回，十个天干和十二个地支两者按固定的顺序依次轮流相配，组成六十个基本单位表示六十年。中国近代史著名的年份事件如甲午战争、戊戌变法、辛亥革命等就是用干支纪年表示的。

此外，十二地支对应十二生肖：子鼠、丑牛、寅虎、卯兔、辰龙、巳蛇、午马、未羊、申猴、酉鸡、戌狗、亥猪。

在有机化合物命名中用天干表示结构式里碳链中的碳原子数。

（三）基与根的区别

（1）基指的是共价化合物分子失去原子或原子团后剩下的基团。从结构上看，基含有未成对电子，不显电性，也不能单独稳定存在，基与基之间能直接结合形成共价化合物的分子。

例如，甲烷 CH_4 失去一个氢原子剩余的基团称为甲基 CH_3—，水分子 H_2O 去掉一个氢原子剩余的基团称为羟（qiǎng）基—OH，CH_3— 与 —OH 都不能单独稳定存在，但这两个基可以结合形成稳定的化合物甲醇 CH_3—OH。

（2）根指的是电解质由于得失电子而电离成的部分。从结构上看，根一般不含未成对电子，显正电或负电，绝大多数能在溶液中或熔融状态下稳定存在，根与根之间可依异性相吸原则结合成共价分子或离子化合物。

例如，铵根（NH_4^+）带正电、硫酸根（SO_4^{2-}）带负电，在溶液中或熔融状态下都能稳定存在，两者可以通过静电作用形成离子化合物$(NH_4)_2SO_4$。

四、教材内容精解

（一）烃

烃的组成元素虽然只有碳和氢两种元素，但其构成的化合物却超过几百万种，而且烃是有机化合物的母体，其他有机化合物都可以看作是烃的衍生物。烃根据碳链结构不同可分为开链烃和闭链烃等。

而由氧元素和氢元素两种元素形成的化合物，至今只发现了两种：H_2O 和 H_2O_2。

（二）烷烃的结构

1. 烷烃的结构特点

（1）没有官能团。

（2）全部为共价单键。

（3）只有碳与氢两种原子。

2. 烷烃的通式

烷烃分子随着碳原子数的增加，碳链增长，氢原子数也随之增多。如果碳原子数目是 n，则氢原子数是 $2n+2$，因此烷烃的通式是 C_nH_{2n+2}，所有烷烃的分子式都符合该通式，如甲烷 CH_4、乙烷 C_2H_6、丙烷 C_3H_8、丁烷 C_4H_{10} 等符合通式 C_nH_{2n+2}。

烷烃又称饱和链烃，是含氢原子最多的烃。在烷烃分子中，与碳原子连接的氢原子数目已达到最高限度，不可能再增加。

（三）同系物

1. 同系列的概念　在有机化合物中，将结构相似、在分子组成上相差一个或若干个 CH_2 原子团的一系列化合物称为同系列。同系列中的各化合物互称同系物。

所有的烷烃构成了烷烃同系列，烷烃内的各化合物互称同系物，如甲烷、乙烷、丙烷、丁烷等烷烃互称同系物。

有机化合物中除烷烃同系列外，还有烯烃、炔烃等同系列，同系列、同系物是有机化合物中普遍存在的现象。

2. 同系物的条件　同系物要满足两个条件：一是结构相似；二是分子组成相差一个或若干个 CH_2 原子团。

3. 同系物的性质特点　同系物的化学性质相似，物理性质变化有规律，只要重点学习和掌握代表性的化合物性质，就可以推论该同系列中其他同系物的基本性质。

（四）烷烃的命名

有机化合物的种类繁多、数目庞大、结构复杂，为了识别它们，势必要求有一个合理的命名法来命名。学习和掌握每一类化合物的命名是有机化学学习的主要内容之一，而烷烃的命名法是各类有机化合物命名法的基础，必须熟练掌握。

1. 系统命名法的规律　①选长链，作主链；②编碳位，定支链；③依主链，称某烷；

④支名前，母名后；⑤不同基，先写简；⑥相同基，要合并；⑦逗与杠，请注明。

2. 普通命名法　普通命名法的优点是简单方便，缺点是只能命名几种特殊结构的有机物，对结构复杂的有机物就无法命名。

系统命名法则可以命名结构简单和相对复杂的有机物；但对结构特别复杂的有机物命名就比较困难，解决问题的方法是根据其来源用俗名进行命名。

（五）烷烃的化学性质

1. 物理性质　物理性质是有机化合物的重要性质，如熔点、沸点、密度和溶解度等是鉴定某种有机物的常规数据，称为物理常数。

在烷烃的同系列中，随着分子中碳原子数的增加，直链烷烃的物理性质呈现出规律性的变化。

2. 化学性质　①烷烃没有官能团，由于烷烃分子中全部是共价单键（σ键），σ键比较牢固，所以烷烃化学性质稳定；②烷烃都能燃烧，可用作燃料；③烷烃分子在光照下可发生取代反应，产物是几种取代物的混合物。

五、学习目标检测

（一）选择题

1. 下列物质属于烃的是（　　）。

    A. CH_3CH_2OH 　　　　　　　　　　　　B. $CH_3CH_2NH_2$

    C.
$$\begin{array}{c} HC\!\!=\!\!\!=\!\!CH \\ | \quad\quad | \\ HC \quad\quad CH \\ \backslash \;\; / \\ O \end{array}$$

    D.
$$\begin{array}{c} CH_2 \\ / \quad\quad \backslash \\ H_2C \quad\quad CH_2 \\ | \quad\quad\quad | \\ H_2C\!-\!\!-\!CH_2 \end{array}$$

2. CH_3CH_3 属于（　　）。

    A. 脂环烃　　　　B. 芳香烃　　　　　C. 饱和链烃　　　　　D. 不饱和链烃

3. 下列烷烃的结构式错误的是（　　）。

    A. $CH_3CH_2CH_2CH_3$ 　　　　　　　　　　B.
$$\begin{array}{c} CH_3CHCH_3 \\ | \\ CH_3 \end{array}$$

    C.
$$\begin{array}{c} CH_3CHCH_2CH_3 \\ | \\ CH_3 \end{array}$$
　　　　　　　D.
$$\begin{array}{c} CH_3 \\ | \\ CH_3CCH_3 \\ | \\ CH_3 \end{array}$$

4. 下列物质互为同系物的是（　　）。

    A. C_2H_6、CH_3CH_3 　　　　　　　　　　B. CH_3CH_2OH、CH_3OCH_3

    C. 金刚石、石墨　　　　　　　　　　　　D. CH_3CH_3、$CH_3CH_2CH_3$

5. 下列有机物名称不正确的是（　　）。

    A. 2-甲基丁烷　　　　　　　　　　B. 2-甲基戊烷

    C. 2, 2-甲基戊烷　　　　　　　　　D. 2, 5-二甲基己烷

6. 丙烷不能与下列哪种物质发生反应（　　）。

    A. 氧气　　　　　B. 氯气　　　　　　C. 溴蒸气　　　　　D. 高锰酸钾

（二）填空题

1. 烃中所含的元素有_____、_____。

2. 烃分子中碳原子之间以_____结合成_____，其余价键全部与氢原子结合，这样的烃称为_____，又称烷烃。

3. _____相似、组成上相差一个或几个_____的化合物互称为同系物。

4. 烷烃的化学性质有_____、_____、_____。

（三）判断题

1. 凡分子中含有碳氢的有机物必定是烃。（　　）

2. 直链烷烃中的碳链呈直线形。（　　）

3. 组成符合 C_nH_{2n+2} 的有机物都是烷烃。（　　）

4. 凡符合同一分子组成通式的不同有机物必定属于同系物。（　　）

5. 同系物的化学性质相似。（　　）

（四）命名或写结构式

1. 甲烷　　2. 甲基　　3. 乙基　　4. 3-甲基-4-乙基己烷

5. $CH_3\!-\!\underset{\displaystyle CH_2\!-\!CH_3}{\overset{\displaystyle CH_3}{\underset{|}{\overset{|}{C}}}}\!-\!CH_3$

6. $CH_3\!-\!\underset{\displaystyle CH_3}{\overset{\displaystyle CH_3}{\underset{|}{\overset{|}{C}}}}\!-\!CH_2\!-\!CH\!-\!CH_2\!-\!CH_3$ 中间 CH 下接 $\underset{\displaystyle CH_3}{\overset{|}{CH_2}}$

（五）完成下列反应方程式

1. $CH_3\!-\!CH_3 \ + \ O_2 \xrightarrow{\text{点燃}}$

2. $CH_4 \ + \ Cl_2 \xrightarrow{\text{光照}}$

第 3 节　烯烃和炔烃

一、学习目标导航

1. 熟悉不饱和链烃、烯烃、炔烃的概念。

2. 掌握烯烃、炔烃的结构和命名。

3. 了解烯烃、炔烃的化学性质。

二、学习重点与难点

1. 本节学习重点是烯烃、炔烃的结构和命名。

2. 本节学习难点是烯烃、炔烃的化学性质。

三、相关知识链接

（一）同系物

在有机化合物中，将结构相似、在分子组成上相差一个或若干个 CH_2 原子团的一系列化合物称为同系列。同系列中的各化合物互称同系物。同系物的化学性质相似，物理性质变化有规律。

（二）烷烃的命名

烷烃的系统命名法基本原则：①选主链；②编号；③定名称。

四、教材内容精解

（一）烷烃、烯烃、炔烃的比较

物质	具有的键	碳链	官能团	通式	化学性质
烷烃	单键	开链状	无	C_nH_{2n+2}	稳定、难氧化、能取代
烯烃	含双键	开链状	$-\overset{\|}{C}=\overset{\|}{C}-$	C_nH_{2n}	易加成、易氧化、能聚合
炔烃	含三键	开链状	$-C\equiv C-$	C_nH_{2n-2}	易加成、易氧化、能聚合

（二）烯烃、炔烃的结构

1. 烯烃的结构特点

（1）含官能团碳碳双键（$-\overset{\|}{C}=\overset{\|}{C}-$）。

（2）只有碳与氢两种原子。

2. 炔烃的结构特点

（1）含官能团碳碳三键（$-C\equiv C-$）。

（2）只有碳与氢两种原子。

（三）烯烃与炔烃的通式

烯烃的分子组成符合通式 C_nH_{2n}。炔烃的分子组成符合通式 C_nH_{2n-2}。

由于烯烃中存在碳碳双键，因此烯烃比同数碳原子的烷烃少 2 个氢原子；因为炔烃中存在碳碳三键，所以比同数碳原子的烷烃少 4 个氢原子。

烯烃与炔烃称为不饱和烃的原因是其分子可以通过化学反应加入氢原子变成饱和烃。

（四）烯烃、炔烃的同系物

1. 烯烃的同系物　所有的烯烃构成了烯烃同系列，烯烃内的各化合物互称同系物，如乙烯、丙烯、丁烯等烯烃互称同系物。烯烃的同系物必须含有碳碳双键。

2. 炔烃的同系物　所有的炔烃构成了炔烃同系列，炔烃内的各化合物互称同系物，如乙炔、丙炔、丁炔等炔烃互称同系物。炔烃的同系物必须含有碳碳三键。

（五）烯烃、炔烃的的命名

（1）烯烃和炔烃的命名与烷烃相似之处：碳原子数在 10 个以下时，都用天干甲、乙、丙、丁、戊、己、庚、辛、壬、癸表示，10 个以上碳原子则用中文数字表示。

（2）烯烃和炔烃的命名与烷烃不同之处：①必须选择含官能团在内的最长碳链作为主链；②必须从靠近官能团的一端开始编号；③必须根据官能团定名称，一般还要指明官能团的位置。

（六）烯烃和炔烃的化学性质

烯烃和炔烃分子中的碳碳双键和碳碳三键中都存在易断裂的 π 键，两者的化学性质比烷烃要活泼得多，能发生加成、氧化、聚合等化学反应，其中以加成反应最为重要。

乙烯、丙烯、丁烯与乙炔等烯烃或炔烃都是非常重要的有机化工原料，工业用其作原料可以生产许多化工产品。

（七）不饱和烃与饱和烃的区别

（1）用高锰酸钾溶液区别不饱和烃与饱和烃：烯烃和炔烃能被酸性高锰酸钾溶液氧化而使酸性高锰酸钾溶液的紫红色褪色；烷烃不被酸性高锰酸钾溶液氧化，不能使酸性高锰酸钾溶液的紫红色褪色。

（2）用溴水区别不饱和烃与饱和烃：烯烃和炔烃能与溴水发生加成反应而使溴水的红棕色褪色，烷烃不能与溴水发生加成反应，溴水的红棕色不褪色。

五、学习目标检测

（一）选择题

1. 下列物质属于不饱和链烃的是（   ）。

    A. $CH_3CH_2CH_3$ B. $CH_3C\equiv CH$

    C. 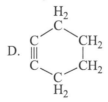   D.

2. 下列物质具有催熟作用的是（   ）。

    A. 乙烷   B. 乙烯   C. 乙炔   D. 以上都有

3. 烯烃的官能团是（   ）。

    A. $-\underset{|}{\overset{|}{C}}-\underset{|}{\overset{|}{C}}-$ B. $-\underset{|}{C}=\underset{|}{C}-$

    C. $-C\equiv C-$ D. 以上都是

4. 下列物质属于烯烃的是（   ）。

    A. $CH_3CH=CH_2$ B. $CH_3C\equiv CH$

    C.   D.

5. 下列不是烯烃和炔烃化学性质的是（   ）。

    A. 取代反应   B. 加成反应   C. 氧化反应   D. 聚合反应

6. 化工上合成塑料利用的反应是（   ）。

    A. 取代反应   B. 加成反应   C. 氧化反应   D. 聚合反应

（二）填空题

1. 分子中含有_____或_____的链烃称不饱和链烃。

2. 分子中含有_____的_____烃称烯烃。

3. 炔烃的官能团是_____。

4. 可用于焊接、切割金属的是_____。

（三）命名或写结构式

1. 乙烯   2. 碳碳双键   3. 乙炔   4. 碳碳三键   5. 2-甲基-4-乙基-3-己烯

6. 4-甲基-2-戊炔   7. CH_3—CH_2—$\overset{\displaystyle CH}{\underset{\displaystyle CH_3}{|}}$—$\overset{\displaystyle C}{\underset{\displaystyle CH_2—CH_3}{|}}$=$CH_2$

8. CH_3—$\overset{\displaystyle CH}{\underset{\displaystyle CH_3}{|}}$—$\overset{\displaystyle CH}{\underset{\displaystyle CH_3}{|}}$—$C$≡$CH$

（四）完成下列反应方程式

1. CH_3—C≡CH + $2H_2$ $\xrightarrow[\triangle]{\text{催化剂}}$

2. CH_3—CH=CH—CH_3 + HCl ⟶

第4节 闭 链 烃

一、学习目标导航

1. 掌握苯的结构。
2. 熟悉闭链烃、脂环烃、芳香烃的概念。
3. 掌握苯的同系物的命名。
4. 了解苯的物理性质和化学性质。

二、学习重点与难点

1. 本节学习重点是苯的结构和苯的同系物的命名。
2. 本节学习难点是苯的化学性质。

三、相关知识链接

（一）键线式（或碳架式）和结构式的关系

化学式	相同点	不同点	优缺点
键线式	表示原子间的连接顺序和方式	省略碳和氢原子不写	简略但不能直观反应出物质的组成情况
结构式	表示原子间的连接顺序和方式	不能省略任何原子	直观反应出物质的组成情况，但相对烦琐

（二）σ键与π键

有机化合物中的单键都为σ键；双键中有一个σ键和一个π键；三键中有一个σ键，两个π键。σ键的特点是比较牢固，不易断裂，难以发生化学反应，不活泼。π键的特点是不如σ键牢固，不稳定，容易断裂，易发生化学反应。

（三）开链化合物与闭链化合物

有机化合物按其构成的碳链骨架可分为开链化合物与闭链化合物。

开链化合物是指碳原子与碳原子或其他原子之间连接成链状的有机化合物。这类化合物由于最初是在脂肪中发现的，所以又称脂肪族化合物。

闭链化合物是指碳原子与碳原子或其他原子之间连接成环状的有机化合物。分子中构成环的原子全部由碳原子构成的化合物称为碳环化合物。碳环化合物又分为脂环化合物和芳香化合物。

（四）烃的重要来源

1. 石油　石油主要是由各种烷烃、环烷烃和芳香烃组成的混合物，石油可以提炼出以下常见的产品。

石油产品	烃的含碳数	产品用途
天然气	1～4	燃料、电工原料
汽油	5～15	飞机、汽车等的燃料
煤油	11～16	燃料、工业洗涤剂
柴油	15～18	柴油机的燃料
凡士林	5～18	润滑剂、防锈剂、制药膏
沥青	30～40	铺路、防腐、建筑材料

2. 煤　一般认为，煤中的有机物由带脂肪侧链的大芳环和稠环所组成。从煤中获得的常见物质见下表。

获得物质	用途
甲烷、乙烯	燃料、化工原料
苯、甲苯、二甲苯	炸药、染料、农药、医药、合成材料
酚类、萘	染料、农药、医药、合成材料
沥青	铺路、防腐、建筑材料
焦炭	冶金、燃料、合成氨

四、教材内容精解

（一）脂环烃

1. 脂环烃的概念　脂环烃是性质和脂肪烃类似的环烃。

2. 脂环烃的结构、命名、化学性质

物质种类	环烷烃	环烯烃	环炔烃
举例	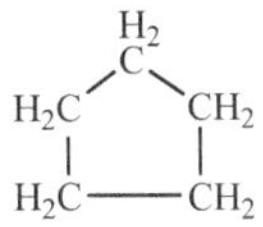 环戊烷	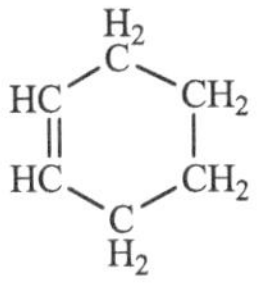 环己烯	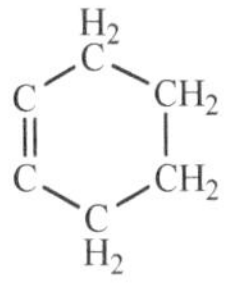 环己炔

续表

物质种类	环烷烃	环烯烃	环炔烃
命名	环某烷	环某烯	环某炔
化学性质	大环与烷烃类似；小环与烯烃类似	与烯烃类似	与炔烃类似

（二）烷烃、烯烃、炔烃、苯的结构通式和化学性质比较

物质	特有的结构	通式	稳定性	氧化反应	取代反应	加成反应
烷烃	全为单键	C_nH_{2n+2}	稳定	不易	能发生	不能
苯	介于单键与双键之间的键	C_nH_{2n-6}	稳定	难	容易	困难
烯烃	碳碳双键	C_nH_{2n}	不稳定	容易	—	容易
炔烃	碳碳三键	C_nH_{2n-2}	不稳定	容易	—	容易

（三）芳香烃

（1）芳香烃是指分子中含有苯环的烃；芳香化合物是指含有苯环的化合物。

（2）苯的同系物是指苯环上的氢原子被烷基取代后所生成的化合物，属于单环芳香烃。苯的同系物分子中只有一个苯环，与苯的结构相似，分子组成上相差 1 个或若干个 CH_2 原子团。苯及苯的同系物的通式是 C_nH_{2n-6}（$n\geq6$）。

（四）苯的同系物的命名

苯的同系物一般采用系统命名法命名，主要原则如下。

（1）以苯环为母体，苯环的侧链作取代基，把取代基名称写在苯前面，省去"基"字，称为"某苯"。

（2）若苯环上连有多个相同的取代基时，可用阿拉伯数字或汉字来表示取代基的位置；若苯环上连有多个不同取代基时，从连有较小取代基的碳原子开始，将苯环碳原子编号，并使取代基位次之和最小。

（3）将取代基的位次、数目、名称写在"苯"名称前面。

（五）芳香烃的性质

1. 物理性质　苯的同系物一般都是无色、有特殊气味的液体，难溶于水，易溶于有机溶剂，具有毒性，使用时一定要防止中毒。

2. 化学性质　苯环是一个稳定的结构，所以苯与不饱和烃的化学性质有显著区别，具有特殊的"芳香性"，主要表现为易取代、难加成、难氧化。苯和苯的同系物的主要化学性质是取代反应。

（六）苯与苯的同系物的区别

酸性高锰酸钾溶液不能氧化苯环，但能氧化苯环的侧链。所以用酸性高锰酸钾溶液可区别苯与苯的同系物，苯不能使酸性高锰酸钾溶液褪色，但苯的同系物能使酸性高锰酸钾溶液的紫红色褪色。

五、学习目标检测

（一）选择题

1. 下列物质属于闭链链烃的是（ 　　 ）。

 A. $CH_3CH_2CH_3$ 　　　　　　　　　　B. $CH_3C \equiv CH$

2. 下列物质属于脂环烃的是（ 　　 ）。

 A. $CH_3CH \equiv CH_2$ 　　　　　　　　B. $CH_3C \equiv CH$

3. 下列物质广泛用于皮革、制药等化工工业，但有毒的是（ 　　 ）。

 A. 甲烷　　　　　B. 乙烯　　　　　C. 乙炔　　　　　D. 苯

4. 下列键是苯环中的键是（ 　　 ）。

 A. 碳碳单键　　　B. 碳碳双键　　　C. 碳碳三键　　　D. 独特的大 π 键

5. 下列不属于苯的化学性质的是（ 　　 ）。

 A. 聚合反应　　　B. 易取代　　　C. 难氧化　　　D. 难加成

6. 遇酸性高锰酸钾溶液不褪色的是（ 　　 ）。

 A. 乙烯　　　　　B. 乙炔　　　　　C. 苯　　　　　D. 甲苯

（二）填空题

1. 分子中含有一个或几个_____的烃称为芳香烃。

2. 芳香烃去掉一个氢原子剩下的部分称_____。

（三）判断题

1. 环烷烃和烷烃的性质类似。（ 　　 ）

2. 炔烃和环炔烃性质类似。（ 　　 ）

3. 芳香烃是具有芳香气味的烃。（ 　　 ）

4. 据凯库勒式，苯环中的键为单键和双键。（ 　　 ）

5. 苯遇酸性高锰酸钾不褪色，所以芳香烃也如此。（ 　　 ）。

（四）命名或写结构式

1. 环己烷　　2. 环戊烯　　3. 苯　　4. 甲苯　　5. 苯基　　6. 苯甲基

7. 邻二甲苯   8.

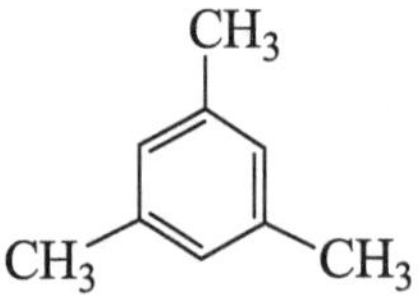

（五）完成下列反应方程式

1. 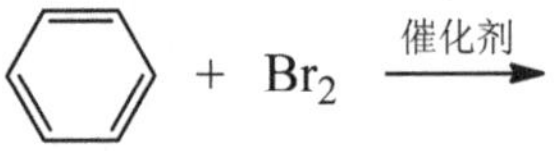
+ Br_2 $\xrightarrow{\text{催化剂}}$

2.
$-CH_3$ $\xrightarrow[H_2SO_4]{KMnO_4}$

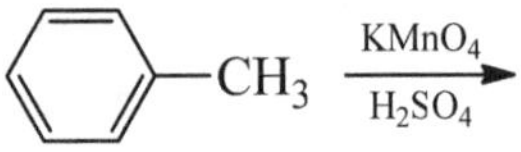

（瞿川岚）

醇、酚、醚

第1节　醇

一、学习目标导航

1. 掌握醇的结构。
2. 熟悉醇的命名和分类。
3. 了解醇的性质。
4. 了解医学上常用的醇。

二、学习重点与难点

1. 本节学习重点是醇的结构和命名。
2. 本节学习难点是醇的结构与性质的关系。

三、相关知识链接

（一）烃的分类

烃分为开链烃和闭链烃；开链烃也称脂肪烃，开链烃又分为饱和烃与不饱和烃；闭链烃又分为脂环烃与芳香烃。

（二）烃基

烃分子（R—H）中去掉一个氢原子所剩余的原子团称为烃基（R—）。饱和烃、不饱和烃、脂环烃、芳香烃分子去掉一个氢原子所剩余的原子团分别称为饱和烃基、不饱和烃基、脂环烃基、芳香烃基。

（三）碳原子的类型

根据每个碳原子直接相连的碳原子数目，把碳原子分成伯碳原子、仲碳原子、叔碳原子、季碳原子四种类型。

伯碳原子是与1个碳原子直接相连的碳原子；仲碳原子是与2个碳原子直接相连的碳原子；叔碳原子是与3个碳原子直接相连的碳原子；季碳原子是与4个碳原子直接相连的碳原子。

四、教材内容精解

（一）醇的结构

1. 醇的结构特点

（1）含官能团羟（qiǎng）基—OH。

（2）分子中含有碳、氢、氧三种原子。

（3）醇是烃的含氧衍生物。

2. 醇的结构通式

醇的结构通式为 R—OH，羟基与脂肪烃基、脂环烃基或芳香烃侧链上的碳原子相连的化合物是醇；羟基与芳环直接相连的化合物称为酚。醇分子中的羟基又称醇羟基。

3. 羟基与氢氧根的区别

（1）羟基—OH 只是化合物中的结构片断（特别是有机化合物），羟基含有未成对电子，不带电，也不能单独稳定存在，羟基—OH 可与烃基 R—直接结合形成醇。羟基是有机化学中最常见的官能团之一。

（2）氢氧根 OH 是由电解质电离产生的离子，是一种可以独立存在的离子，带有一个单位负电荷，水溶液中氢氧根离子和氢离子的浓度决定着溶液酸碱性的强弱。

（二）醇的分类

醇的分类有三种：①根据醇分子中羟基所连的烃基不同分类；②根据醇分子中羟基数目不同分类；③根据醇分子中羟基所连接碳原子的类型不同分类。第三种分类方法是醇特有的分类方法，一般有机化合物没有此种分类方法。

（三）醇的命名与烯烃、炔烃命名的比较

醇与烯烃、炔烃都有官能团，它们的命名类似。醇的官能团是羟基，烯烃、炔烃的官能团分别是碳碳双键、碳碳三键。

1. 选主链　烯烃与炔烃要选择含有碳碳双键或碳碳三键在内的最长碳链作为主链；醇要选择连接有羟基的碳的最长碳链作为主链。

2. 主链的编号　烯烃与炔烃是从距碳碳双键或碳碳三键最近的一端开始给主链碳原子编号；醇是从距羟基最近的一端开始给主链碳原子编号。

3. 定名称　根据官能团定名称，一般还要指明官能团的位置。分子中含碳碳双键的称为烯烃，含碳碳三键的称为炔烃，含羟基的可称为醇。

（四）醇的性质

醇的官能团是羟基，又称醇羟基。醇的化学性质都发生在醇羟基及与羟基相连的碳原子上。

1. 与活泼金属反应　在结构上，醇羟基上的氢原子能被活泼金属（如钠）所替代。

2. 氧化反应　醇的种类不同，氧化产物不同。伯醇的氧化产物为醛，仲醇的氧化产物为酮，叔醇在同等条件下不能被氧化。

3. 脱水反应　醇在脱水剂作用下可发生脱水反应，脱水方式及产物与反应时的温度有关。

（五）乙醇进入体内的代谢过程

人在饮酒后，乙醇进入人体随血液流向各器官，主要分布在肝脏与大脑中。其中绝大部分乙醇在肝脏中在乙醇脱氢酶的作用下转化为乙醛，乙醛具有扩张血管的作用，因此饮过酒大部分人会出现面红耳赤的现象。经过一段时间后，乙醛在乙醛氧化酶的作用下被氧化成乙酸，而逐渐被代谢。不同的人体内乙醇脱氢酶和乙醛氧化酶的数量不同，所以酒量也不同。

五、学习目标检测

（一）选择题

1. 醇是烃的（　　）。
   A. 同素异形体　　B. 同分异构体　　C. 同系物　　D. 含氧衍生物
2. 下列化合物，在水中溶解度最大的是（　　）。
   A. 乙烷　　　　B. 乙醇　　　　C. 乙烯　　　　D. 乙炔
3. 下列物质中，属于仲醇的是（　　）。
   A. $CH_3CH_2CH_2OH$　　　　　　B. $(CH_3)_2CHOH$
   C. $(CH_3)_3COH$　　　　　　　　D. C_6H_5OH
4. 浓硫酸与乙醇共热，140℃时反应生成乙醚，这个反应属于（　　）。
   A. 取代反应　　B. 氧化反应　　C. 酯化反应　　D. 加成反应
5. 医学上把 φ_B 为（　　）的乙醇溶液称为药用酒精。
   A. 0.95　　　　B. 0.75　　　　C. 0.50　　　　D. 0.25

（二）填空题

1. 乙醇俗称_____，它与_____是同分异构体。
2. 饱和一元醇的通式_____，乙二醇的结构简式_____，甘油的结构简式_____。
3. 乙醇与浓硫酸共热到170℃，发生_____反应，生成_____。反应方程式是_____。

（三）简答题

简述不同浓度酒精的用途。

第 2 节　酚

一、学习目标导航

1. 掌握酚的结构。
2. 熟悉酚的命名和分类。
3. 了解酚的性质。
4. 了解医学上常用的酚。

二、学习重点与难点

1. 本节学习重点是酚的结构和命名。
2. 本节学习难点是酚的结构与性质的关系。

三、相关知识链接

芳香烃是指分子中含有苯环结构的化合物。根据结构的不同，芳香烃可分为单环芳香烃和稠环芳香烃等。单环芳香烃中最简单也是最重要的化合物是苯。苯的分子式是 C_6H_6，苯的同系物是指苯环上的氢原子被烷基取代后所生成的化合物。常见的稠环芳香烃有萘、蒽、菲。

四、教材内容精解

（一）酚的结构

1. 酚的结构特点

（1）含官能团酚羟基—OH。

（2）分子中含有碳、氢、氧三种原子。

（3）酚是烃的含氧衍生物。

2. 酚的结构通式

酚的结构通式为 Ar—OH，羟基与芳环直接相连的化合物称为酚。

3. 酚与芳香醇的区别

酚的羟基与芳环直接相连，直接连在芳环上的羟基称为酚羟基；芳香醇的羟基与芳环的侧链相连，芳香醇中的羟基属于醇羟基。

（二）酚的分类

酚的结构较简单，分类方法较少。①根据分子中含有的酚羟基数目不同，分为一元酚、二元酚和多元酚；②根据酚羟基所连接的芳环的不同，酚可分为苯酚、萘酚、蒽酚等。

（三）酚命名与芳香烃命名的区别

（1）酚的命名与芳香烃的命名在母体确定上是不同的。酚命名时是以酚作为母体，其他基团作为取代基；从酚羟基开始对苯环上碳原子编号，可用阿拉伯数字编号，也可以用邻、间、对、连、偏、均等汉字表示位次。

（2）芳香烃命名时是以苯作为母体，烷基作为取代基，若苯环上连有多个取代基，其苯环上的相对位置可用阿拉伯数字编号，也能用邻、间、对、连、偏、均等汉字表示位次。

（四）酚的性质

1. 弱酸性

酚和醇都含有羟基，但酚的羟基比醇的羟基要活泼，醇中的羟基表现为中性，而酚羟基显示出弱酸性。酚的酸性非常弱，不能使蓝色石蕊试纸变红色，只能与强碱反应生成盐。

2. 氧化反应

酚类化合物比醇易氧化。醇不被空气中的氧气所氧化，但酚易被空气中的氧气氧化而变色。

3. 酚的特殊性质

（1）显色反应。酚类化合物与三氯化铁溶液反应可显示不同的颜色，这是酚的特殊性质，利用此显色反应可鉴别酚类化合物。

（2）苯酚与饱和的溴水发生取代反应，生成 2,4,6-三溴苯酚的白色沉淀，该反应现象明显且非常灵敏，一般用于苯酚的鉴别和定量分析。

五、学习目标检测

（一）选择题

1. 有关苯酚的叙述，错误的是（　　）。
   A. 纯净的苯酚是无色晶体，70℃以上时能与水互溶
   B. 苯酚水溶液呈酸性，但比碳酸的酸性弱
   C. 苯酚比苯容易在苯环上发生取代反应
   D. 苯酚有毒，不能配成洗涤剂和软膏

2. 分离苯和苯酚的混合物，通常采用的方法是（　　）。
   A. 振荡混合物，用分液漏斗分离
   B. 加水振荡后，用分液漏斗分离
   C. 加稀盐酸振荡后，用分液漏斗分离
   D. 加入 NaOH 溶液后振荡，用分液漏斗分离，取下层液体通入 CO_2，待分层后分离

3. 能够检验苯酚存在的特征反应是（　　）。
   A. 苯酚与浓硝酸反应　　　　　B. 苯酚与氢氧化钠溶液反应
   C. 苯酚被空气中氧气氧化　　　D. 苯酚与三氯化铁溶液反应

4. 下列物质属于酚类的是（　　）。

   A. 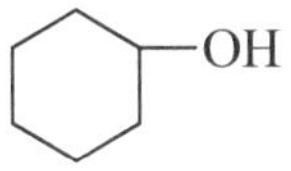 　　　　　　B.

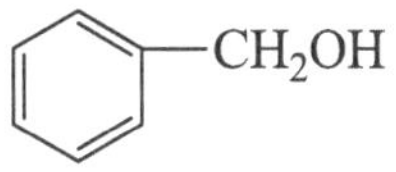

   C. 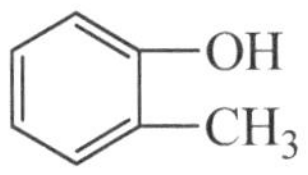 　　　　　　D.

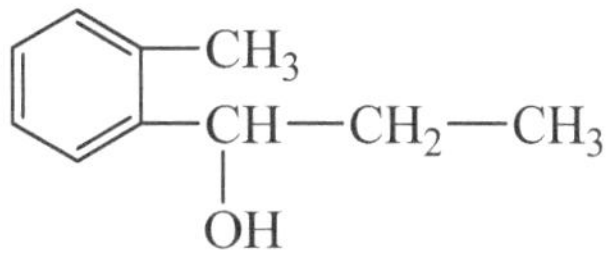

5. 下列叙述中错误的是（　　）。
   A. 苯酚沾到皮肤上用酒精冲洗
   B. 在纯碱溶液中加入苯酚晶体，晶体溶解并产生 CO_2 气体
   C. 苯酚的水溶液不能使石蕊试液变红色
   D. 苯酚久置于空气中，因发生氧化而显粉色

（二）填空题

1. 醇和酚共同官能团的结构式为_____，酚的官能团直接连在_____上。

2. 如果不慎将苯酚沾到皮肤上，应立即用_____洗涤。

3. 甲酚有_____种位置异构体，它们的总称为_____，将它们配置成的_____肥皂溶液称为"来苏儿"。

第 3 节　醚

一、学习目标导航

1. 熟悉醚的结构。

2. 熟悉醚的命名和分类。

3. 了解医学上常用的醚。

二、学习重点与难点

1. 本节学习重点是醚的结构。

2. 本节学习难点是醚的命名。

三、相关知识链接

基是指有机化合物分子失去原子或原子团后剩余的部分。脂肪烃基是指脂肪烃（又称开链烃）失去一个氢原子所剩余的原子团。芳香烃基是指芳香烃失去一个氢原子所剩余的原子团。

四、教材内容精解

（一）醚的结构

1. 醚的结构特点

（1）含官能团醚键 —C—O—C—。

（2）分子中含有碳、氢、氧三种原子。

（3）醚是烃的含氧衍生物。

2. 醚的结构通式

醚的结构通式为 R—O—R'。醚的结构与醇和酚不同，醚分子中没有羟基。醚分子中氧原子两边分别与两个烃基相连，两个烃基相同的醚称为单醚，如甲醚 CH_3—O—CH_3；两个烃基不同的醚称为混醚，如甲乙醚 CH_3—O—CH_2CH_3。

（二）醚与醇、酚结构的比较

物质	通式	官能团	与烃的关系	分子中的原子种类
醇	R—OH	醇羟基	烃的含氧衍生物	碳、氢、氧三种原子
酚	Ar—OH	酚羟基	烃的含氧衍生物	碳、氢、氧三种原子
醚	R—O—R'	醚键	烃的含氧衍生物	碳、氢、氧三种原子

（三）醚的性质

1. 物理性质　大多数醚在常温下是液体，有香味，难溶于水。

2. 化学性质　醚在化学性质上的显著特点是稳定，一般条件下不与其他物质发生化学反应。醚分子中没有羟基，不能发生醇和酚发生的化学反应，如氧化、酯化、脱水等反应。

五、学习目标检测

（一）选择题

1. 乙醚的结构式是（　　　）。

A. CH_3CHO　　　　　　B. CH_3CH_2OH

C. $CH_3CH_2OCH_2CH_3$　　　D. CH_3OCH_3

2. 下列物质中，可作为麻醉剂的是（　　）。

A. 甲醚　　　B. 乙醚　　　C. 苯甲醚　　　D. 甲乙醚

3. 与乙醇为同分异构体的是（　　）。

A. 甲醇　　　B. 乙醚　　　C. 乙二醇　　　D. 甲醚

（二）填空题

1. 醇、酚、醚均由_____三种元素组成，是烃的_____。

2. 醚的结构通式是_____。

（栗　源）

第8章 醛和酮

第1节　醛和酮的结构、分类和命名

一、学习目标导航

1. 掌握醛和酮的结构。
2. 了解醛和酮的分类。
3. 熟悉醛和酮的命名方法。

二、学习重点与难点

1. 本节学习重点是醛和酮的结构。
2. 本节学习难点是醛和酮的命名方法。

三、相关知识链接

（一）碳氧双键

碳氧双键与碳碳双键相似，双键中有一个 σ 键和一个 π 键，σ 键比较牢固，不易断裂，难发生化学反应，不活泼；π 键容易断裂，不稳定，易发生化学反应。碳氧双键在发生加成等反应时，不稳定的 π 键断裂，由碳氧双键变成了碳氧单键。

（二）脂肪族、芳香族、脂环族化合物

脂肪族化合物就是开链化合物，饱和链烃（烷烃）、不饱和链烃（烯烃、炔烃）是开链化合物。芳香族化合物含有苯环，苯环按照凯库勒式是个六边形的环状化合物，环内三个单键和三个双键交替排列。脂环族化合物是环状化合物，但其环与苯环结构明显不同，环内不存在单双键交替排列的结构。

（三）工业上醛和酮的制备

（1）伯醇和仲醇经过氧化或脱氢反应，可分别生成醛、酮。

（2）炔烃在汞盐催化下，可生成酮（乙炔生成乙醛）。

（3）芳香烃在适当催化剂作用下，可生成相应的芳香醛或芳香酮。

（4）烯烃与 CO 和 H_2 在某些金属的羰基化合物催化下，生成多一个碳原子的醛。

四、教材内容精解

（一）羰基

羰基是碳原子以双键与氧原子连接形成的原子团（$-\overset{\overset{\displaystyle O}{\|}}{C}-$），羰基中含有碳氧双键。醛和酮分子中都含有羰基，统称为**羰基化合物**。

（二）醛的结构

1. 醛的结构特点

（1）含官能团醛基—CHO。

（2）分子中含有碳、氢、氧三种原子。

（3）醛是烃的含氧衍生物。

2. 醛的结构通式

醛的结构通式为 $R-\overset{\overset{\displaystyle O}{\|}}{C}-H$，简写式为 R—CHO，醛的羰基碳原子上两边分别连有一个烃基和一个氢原子。甲醛是特例，甲醛的羰基碳原子上两边各连有一个氢原子。

（三）酮的结构

1. 酮的结构特点

（1）含官能团酮基—$\overset{\overset{\displaystyle O}{\|}}{C}$—。

（2）分子中含有碳、氢、氧三种原子。

（3）酮是烃的含氧衍生物。

2. 酮的结构通式

酮的结构通式为 $R-\overset{\overset{\displaystyle O}{\|}}{C}-R'$，酮的羰基碳原子上两边各连有一个烃基，这两个烃基可能相同，也可能不同。

含相同碳原子的醛和酮可互为同分异构体，如丙醛与丙酮互为同分异构体。

（四）醛和酮的命名原则

醛和酮的系统命名与醇的命名原则相似，主要分为选主链、编号、定名称三步。

1. 选主链　选择含有羰基碳原子在内的最长碳链为主链，支链当作取代基。

2. 编号　从离羰基最近的一端用阿拉伯数字给主链碳原子依次编号，确定羰基和取代基的位次。由于醛的结构特殊，醛类化合物在编号时始终从醛基碳原子开始编号，即醛基碳原子总为 1 号碳原子。

3. 定名称　依据主链碳原子数定义母体，称为"某醛"或"某酮"，把取代基的位次、数目、名称及羰基的位次顺次写在"某醛"或"某酮"之前。

醛基总在 1 号位，因此位次不必标出。酮基的位次一般要标明，对于含碳原子少的丙酮、丁酮由于没有同分异构体，所以不必写出酮基的位次；对于像戊酮、己酮及含更多碳原子数的酮由于存在同分异构体，因此必须写出酮基的位次以区分同分异构体。

对于不饱和脂肪醛，命名时依次为取代基的位次、数目、名称、碳碳双键或碳碳三键的位次、"某烯醛"或"某炔醛"；对于不饱和脂肪酮，命名方法类似，只是还需标出羰基的位次。

五、学习目标检测

（一）选择题

1. 下列关于醛的说法不正确的是（   ）。

   A. 醛属于羰基化合物

   B. 醛的官能团是—COH

   C. 乙醛和丙醛互为同系物

   D. 甲醛是羰基与两个氢原子相连形成的化合物

2. 下列关于酮的说法不正确的是（   ）。

   A. 酮的官能团是—CO—

   B. 酮分子中羰基一定不在碳链的首端

   C. 酮分子中羰基可以在碳链的首端

   D. 酮可以分为脂肪酮、脂环酮和芳香酮

（二）填空题

1. 根据羰基所连烃基种类的不同，醛和酮可分为①＿＿＿＿＿＿；②＿＿＿＿＿＿；

③＿＿＿＿＿＿。按此分类，H_3C—CHO 属于＿＿＿＿，（苯）—CHO 属于＿＿＿＿，

（环己酮）O 属于＿＿＿＿。

2. 根据脂肪醛、脂肪酮中的烃基是否饱和，可将其分为①＿＿＿＿＿＿＿＿＿；

②＿＿＿＿＿＿＿＿＿。按此分类，H_3C—$\overset{O}{\overset{\|}{C}}$—$CH_3$ 属于＿＿＿＿，H_2C=CH—CHO 属于＿＿＿＿。

3. 根据羰基数目的不同，醛和酮可以分为＿＿＿＿＿＿＿和＿＿＿＿＿＿＿。

（三）命名

1. $\overset{CH_3}{\underset{\|}{CH_3CHCH_2CHO}}$

2. $CH_3CH_2C\overset{O}{\overset{\|}{C}}CH\overset{CH_3}{\underset{\|}{C}}=CH_2$

3. （苯环）$\overset{CHO}{\underset{OH}{}}$

4. （苯环）CHO, OCH_3, OH

5. （苯环）$\overset{CH_3}{\underset{\|}{C}}$=CH—CHO

（四）写结构式

1. 2-甲基丁醛   2. 3-甲基环己酮   3. 4-甲基-2-戊酮

4. 3-甲基-2-乙基戊醛   5. 3-苯基丙烯醛

第2节 醛、酮的性质和常见的醛、酮

一、学习目标导航

1. 掌握醛和酮的主要化学性质及醛和酮的鉴别方法。
2. 掌握常见醛和酮的鉴别方法。
3. 熟悉几种常见的醛、酮在医学上的应用。

二、学习重点与难点

1. 本节学习重点是醛和酮的主要化学性质及醛和酮的鉴别方法。
2. 本节学习难点是醛和酮的主要化学性质。

三、相关知识链接

（一）加成反应的概念

加成反应是指有机化合物分子中的双键或三键中的 π 键断裂，双键或三键原子上加入其他原子或原子团的反应。

烯烃和炔烃分别含有碳碳双键或碳碳三键，易发生加成反应。醛和酮含有碳氧双键形成的羰基，同样能发生加成反应。

（二）醛与醇加成

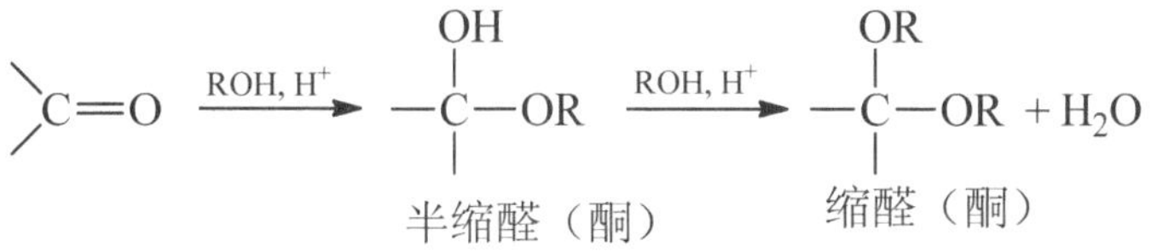

$$\begin{array}{c}\diagup\\ \diagup\end{array} C=O \xrightarrow{ROH, H^+} \underset{\substack{|\\ 半缩醛（酮）}}{-C-OR} \xrightarrow{ROH, H^+} \underset{\substack{|\\ 缩醛（酮）}}{-C-OR} + H_2O$$

在干燥 HCl 作用下，醛与醇发生加成反应生成半缩醛，半缩醛进一步与过量的醇发生缩合反应生成缩醛。如上述第二步反应，由两个或多个有机化合物分子相互结合，缩去简单小分子（如水、氨等）同时生成一个较大分子的反应，称为缩合反应。所得的较大分子称为缩合物。在一定条件下，酮可以生成缩酮。

（三）氧化反应

醛的还原性较强，可以与弱氧化剂反应。酮的还原性较弱，不能与弱氧化剂反应，但是在一定条件下能被强氧化剂氧化。

在费林反应中，甲醛能生成铜镜，其他脂肪醛生成砖红色沉淀。酮和芳香醛不能发生反应。

（四）与希夫试剂的显色反应

甲醛与希夫试剂反应生成的紫红色产物遇硫酸颜色不消失，而其他醛生成的紫红色产物

遇硫酸后褪色，因此希夫试剂也可用于区别甲醛和其他醛。

四、教材内容精解

（一）醛、酮的共同性质

醛、酮都是含有碳氧双键的羰基化合物，其碳氧双键与碳碳双键相似，都能发生加成反应，使双键变成单键。

1. 反应条件　铂、镍或钯等催化剂催化。

2. 反应产物　醛被还原为伯醇，酮被还原为仲醇。

（二）醛、酮的性质差异

醛和酮在某种条件下都能被氧化。醛结构中醛基较活泼，有较强的还原性，易被弱氧化剂氧化成羧酸。酮的还原性较差，不能被弱氧化剂氧化，只能被强氧化剂氧化。常用的弱氧化剂有托伦试剂、费林试剂和班氏试剂。

1. 银镜反应　托伦试剂与醛共热生成羧酸，且有银镜生成的反应称为银镜反应。所有的醛都能发生银镜反应，而相同条件下酮不能发生银镜反应，因此银镜反应可用于区别醛与酮。

反应条件：试管洁净、碱性条件、水浴加热、不能搅拌。反应产物：醛被氧化为羧酸，银离子被还原为金属银。现象：在试管内壁形成光亮的银镜。

2. 费林反应、班氏反应　与费林试剂的反应称为费林反应；与班氏试剂的反应称为班氏反应。两种反应的现象相同，只是班氏试剂是稳定的溶液。

当两种试剂与脂肪醛作用时，脂肪醛被氧化成羧酸，同时产生了砖红色的氧化亚铜沉淀；芳香醛及酮相同条件下不能发生费林反应、班氏反应。因此常用此反应鉴别脂肪醛与芳香醛及酮。

反应条件：碱性条件、水浴加热。反应产物：醛被氧化为羧酸，铜离子被还原为氧化亚铜。现象：生成砖红色沉淀。

3. 与希夫试剂的反应　醛与希夫试剂作用呈紫红色，而酮不能与希夫试剂发生反应。此反应很灵敏，常用于鉴定醛或区别醛与酮。

反应条件：无色的希夫试剂，溶液中不能存在碱性物质和氧化剂，也不能加热。现象：醛与希夫试剂作用显紫红色。

（三）醛与酮的比较

物质	结构简写式	官能团	与烃的关系	化学性质
醛	R—CHO	醛基	烃的含氧衍生物	加成反应，银镜反应，费林反应，班氏反应，与希夫试剂反应
酮	R—CO—R′	酮基	烃的含氧衍生物	加成反应

（四）常见的醛、酮

（1）甲醛。福尔马林是质量分数为40%的甲醛水溶液，医药上常用的消毒剂和防腐剂。乌洛托品是一种尿道消毒剂，是甲醛与氨水共同蒸发生成的白色晶体。

（2）乙醛。水合氯醛是临床上长期使用的催眠药和抗惊厥药。

（3）苯甲醛是制备药物、染料、香料等产品的重要原料。

（4）丙酮的检验：临床上检查糖尿病患者尿液中是否含有丙酮，可向尿液中滴加亚硝酰铁氰化钠溶液和氢氧化钠溶液，如有丙酮存在，尿液即显鲜红色。

五、学习目标检测

（一）选择题

1. 下列物质中既能被弱氧化剂氧化，又能被还原的是（　　　）。

　　A. 乙醇　　　　　　B. 乙醛　　　　　　C. 丙酮　　　　　　D. 乙醚

2. 能区分脂肪醛和芳香醛的试剂是（　　　）。

　　A. 托伦试剂　　　　B. 费林试剂　　　　C. 希夫试剂　　　　D. 亚硫酸氢钠

3. 福尔马林是质量分数为 40% 的（　　）水溶液。

　　A. 甲醛　　　　　　B. 乙醛　　　　　　C. 乙醇　　　　　　D. 苯甲醛

（二）填空题

1. 醛和酮都可以发生加氢反应，加氢后，_____生成伯醇，_____生成仲醇。

2. 常利用弱氧化剂区别醛和酮，常用的弱氧化剂有_____和_____。

3. 只有_____能与费林试剂反应，而_____和_____都不能发生费林反应。

4. 醛与希夫试剂作用呈现_____色，反应灵敏，而酮_____。

5. 最简单的酮是_____，临床上检查糖尿病患者尿液中是否含有该物质，可向尿液中滴加_____溶液和_____溶液，如有该物质存在，尿液显示_____色。

（三）完成下列化学反应式

1. $CH_3CHO + H_2 \xrightarrow{Ni}$

2. $\overset{\displaystyle O}{\overset{\displaystyle \|}{CH_3CCH_3}} + H_2 \xrightarrow{Ni}$

（四）用化学方法鉴别下列各组物质

1. 乙醛、苯甲醛、丙酮

2. 丙醛、丙酮、1-丙醇

（郭　敏）

第 9 章

羧酸和取代羧酸

第1节 羧 酸

一、学习目标导航

1. 掌握羧酸的概念、结构和分类。
2. 掌握羧酸的命名。
3. 熟悉羧酸的化学性质。
4. 熟悉常见羧酸的结构、名称及应用。

二、学习重点与难点

1. 本节学习重点是羧酸的概念、结构和命名。
2. 本节学习难点是羧酸的化学性质。

三、相关知识链接

（一）酸

（1）酸是指电离时生成的阳离子全部是氢离子的化合物。盐酸（HCl）、硝酸（HNO_3）、硫酸（H_2SO_4）都属于酸类，它们的水溶液电离生成的阳离子全部是氢离子，如盐酸的电离方程式：$HCl = H^+ + Cl^-$。

（2）无机酸与有机酸。无机酸，又称矿酸，是无机化合物中酸类的总称。盐酸、硝酸、硫酸、碳酸、磷酸、硅酸等属于无机酸。有机酸是指一些具有酸性的有机化合物。最常见的有机酸是羧酸，其酸性源于羧基（—COOH）。

（二）强酸与弱酸

（1）强酸是指在水溶液中能完全电离成离子的酸。强酸的电离特点：①完全电离，电离后溶液中不存在酸分子；②电离过程是不可逆的，其电离方程式用不可逆符号"$=$"表示；如硝酸的电离方程式：$HNO_3 = H^+ + NO_3^-$。盐酸、硝酸、硫酸是用途最广的三强酸，腐蚀性很强。

（2）弱酸是指在水溶液中只能部分电离成离子的酸。弱酸的电离特点：①部分电离，绝大多数仍以分子形式存在；②电离过程是可逆的，其电离方程式中用可逆符号"$\rightleftharpoons$"表示；如乙酸的电离方程式：$CH_3COOH \rightleftharpoons H^+ + CH_3COO^-$。

乙酸、磷酸、亚硫酸、碳酸、硅酸等是弱酸；乙酸属于羧酸，羧酸都是弱酸。

四、教材内容精解

（一）羧酸的结构

1. 羧酸的结构特点

（1）含官能团羧基—COOH。

（2）分子中含有碳、氢、氧三种原子。

（3）羧酸是烃的含氧衍生物。

2. 羧酸的结构通式

羧酸的结构通式为 R—COOH，羧酸从结构上可看作是由烃基与羧基相连形成的化合物。

（二）羧酸的分类

（1）根据与羧基相连的烃基不同，可将羧酸分为脂肪酸和芳香酸。羧基与脂肪烃基相连为脂肪酸，羧基与芳香烃基相连为芳香酸。脂肪酸又分为饱和脂肪酸与不饱和脂肪酸，饱和脂肪酸的烃基中都是单键，不饱和脂肪酸的烃基中含有碳碳双键或碳碳三键。

（2）根据羧酸分子中羧基数目，可将其分为一元羧酸、二元羧酸和多元羧酸。含一个羧基的羧酸称为一元羧酸，含两个羧基的羧酸称为二元羧酸，含有两个以上羧基的羧酸统称为多元羧酸。

（三）羧酸的命名

1. 羧酸与醛命名相似之处

（1）编号类似：由于醛和羧酸的结构具有某些相同的特殊性，醛类化合物在编号时始终从醛基碳原子开始编号，即醛基碳原子总为 1 号碳原子；同样，羧酸在编号时也始终从羧基碳原子开始编号，即羧基碳原子也总为 1 号碳原子。

（2）位次书写类似：羧基与醛基总在 1 号位，因此两者的位次在命名时一般不必标出。

2. 不饱和脂肪酸的命名

选择含有羧基和碳碳双键在内的最长碳链为主链，从羧基碳原子开始编号，并注明双键的位次。

（四）羧酸的性质

1. 弱酸性

羧酸都是弱酸。羧酸的酸性比碳酸和苯酚的强，苯酚的酸性比碳酸弱。羧酸与碳酸氢钠反应产生二氧化碳，苯酚不能与碳酸氢钠反应产生二氧化碳，因此可用碳酸氢钠来鉴别羧酸与酚。

2. 酯化反应

酯化反应是羧酸与醇作用，羧基中的羟基被烃氧基（—OR）取代生成酯和水的反应。同时，酯和水在同样的条件下也能起反应，生成羧酸和醇，称为水解反应。因此酯化反应为可逆反应，正反应是酯化反应，逆反应是水解反应。酯化反应速率很慢，为了加快反应速率，缩短达到平衡的时间，通常用浓硫酸作催化剂和脱水剂，并加热。

3. 脱羧反应

二元羧酸对热不稳定，当加热乙二酸、丙二酸时发生脱羧反应，生成少一个碳原子的一元羧酸。一元脂肪酸对热比较稳定，不易发生脱羧反应，但在特殊条件下，可脱羧生成烃。

五、学习目标检测

（一）选择题

1. 下列羧酸属于二元羧酸的是（　　）。

A. 乳酸　　　　　　B. 草酸　　　　　　C. 水杨酸　　　　　　D. 乙酰乙酸

2. 羧酸的官能团是（　　）。

A. —CHO　　　　B. $R-\overset{\overset{\displaystyle O}{\|}}{C}-$　　　　C. —COOH　　　　D. —COOR

3. 能发生银镜反应的物质是（　　）。

A. 甲醇　　　　　　B. 甲醚　　　　　　C. 甲酚　　　　　　D. 甲酸

4. 能与乙酸发生酯化反应的是（　　）。

A. 甲醇　　　　　　B. 甲醛　　　　　　C. 甲酸　　　　　　D. 丙酮

5. 乙酸的俗称是（　　）。

A. 醋酸　　　　　　B. 乳酸　　　　　　C. 苹果酸　　　　　　D. 酒石酸

（二）填空题

1. 乙酸俗名_____，用此熏蒸房间具有_____。

2. 根据羧酸分子中烃基的不同，羧酸可以分为_____和_____；脂肪酸又可根据饱和程度不同分为_____和_____。根据羧酸分子中羧基数目的多少，羧酸可分为_____、_____和_____。

（三）简答题

1. 蚁酸的学名是什么？被蜜蜂叮咬后如何处理？

2. 食醋的主要成分是什么？在房间熏蒸食醋有什么作用？

第2节　取代羧酸

一、学习目标导航

1. 熟悉羟基酸和酮酸的概念、结构和命名。
2. 了解常见羟基酸和酮酸的名称性质及应用。

二、学习重点与难点

1. 本节学习重点是羟基酸和酮酸的概念、结构及命名。
2. 本节学习难点是羟基酸和酮酸的性质及应用。

三、相关知识链接

（一）羟基

羟基—OH，又称氢氧基，是由一个氢原子和一个氧原子组成的原子团。羟基是有机化学中最常见的官能团之一，羟基主要有醇羟基、酚羟基、羧羟基等。

（二）酮基

酮基 $-\overset{\overset{\text{O}}{\|}}{\text{C}}-$ 是一个碳原子和氧原子形成的碳氧双键，同时这个碳原子还要与另外两个碳原子形成共价键的结构式。

（三）含官能团的开链有机化合物系统命名法的基本步骤

1. 选主链　选择连有官能团的最长碳链作主链，支链作为取代基。

2. 编号　从靠近官能团的一端给主链碳原子依次编号，确定官能团及取代基的位次。

3. 定名称　根据官能团定母体名称。把取代基的位次、数目、名称及官能团的位次顺次写在母体名称之前。官能团是醛基或羧基时不必指出官能团的位置。

（四）常见有机化合物及其官能团

有机化合物种类	官能团名称	官能团结构式	有机化合物种类	官能团名称	官能团结构式
烯烃	碳碳双键	$-\overset{\mid}{\text{C}}=\overset{\mid}{\text{C}}-$	酮	酮基	$-\overset{\overset{\text{O}}{\|}}{\text{C}}-$
炔烃	碳碳三键	$-\text{C}\equiv\text{C}-$	羧酸	羧基	$-\overset{\overset{\text{O}}{\|}}{\text{C}}-\text{OH}$
醇和酚	羟基	$-\text{OH}$	酯	酯键	$-\overset{\overset{\text{O}}{\|}}{\text{C}}-\text{O}-$
醚	醚键	$-\text{O}-$	胺	氨基	$-\text{NH}_2$
醛	醛基	$-\overset{\overset{\text{O}}{\|}}{\text{C}}-\text{H}$	酰胺	酰胺键	$-\overset{\overset{\text{O}}{\|}}{\text{C}}-\overset{\overset{\text{H}}{\mid}}{\text{N}}$

（五）具有复合官能团有机化合物命名时官能团的优先顺序

—COOH（羧基）＞—COOR（酯基）＞—CHO（醛基）＞—CO—（酮基）＞—OH（羟基）＞—NH₂（氨基）＞—O—（醚键）＞碳碳双键＞碳碳三键。

四、教材内容精解

（一）羟基酸

1. 羟基酸的结构　羟基酸是分子中既含有羧基又含有羟基的具有复合官能团的羧酸。羟基酸分为醇酸和酚酸两类。醇酸是指脂肪族羧酸烃基上的氢原子被羟基取代的衍生物；酚酸是指芳香族羧酸芳环上的氢原子被羟基取代的衍生物。

2. 羟基酸的命名　羟基酸是具有复合官能团的有机化合物。按照具有复合官能团有机化合物中命名时官能团的优先顺序，—COOH（羧基）＞—OH（羟基），羟基酸的系统命名法是以羧酸为母体，把羟基当作取代基，选择连有羟基和羧基的最长碳链为主链，用希腊字母或阿拉伯数字标明羟基位次；羟基酸称羟基某酸。"某"是指主链碳原子数。由于许多羟基酸来源于自然界，因此常根据其来源采用俗名。

3. 羟基酸的性质　羟基酸分子中含有羟基和羧基，具有羟基和羧基的一般性质。由于羟基和羧基间相互影响，所以羟基酸又具有某些特殊性质。

（1）酸性：羟基酸具有酸性，由于羟基的影响，羟基酸的酸性比相应羧酸的酸性要强。如羟基乙酸比乙酸的酸性强。

（2）氧化反应：羟基酸在人体内在酶的催化作用下易被氧化成酮酸。

（二）酮酸

1. 酮酸的结构　酮酸是分子中同时含有羧基和酮基的化合物。酮酸与羟基酸一样也是具有复合官能团的有机化合物。根据分子中酮基与羧基的相对位置，酮酸分为 α-酮酸、β-酮酸等。

2. 酮酸的命名　酮酸是具有复合官能团的有机化合物。按照具有复合官能团有机化合物中命名时官能团的优先顺序为—COOH（羧基）＞—CO—（酮基），因此酮酸命名时是以羧酸作为母体，酮基作为取代基，称某酮酸。

3. 酮酸的性质

（1）酸性：由于酮基的影响，酮酸的酸性强于相应的羟基酸，更强于相应的羧酸。

（2）还原反应：羟基酸氧化生成酮酸，酮酸也能被还原成羟基酸。

（3）脱羧反应：酮酸在一定条件下容易发生脱羧反应。

（三）羟基酸和酮酸的比较

物质	官能团	命名	与羧酸的关系	化学性质
羟基酸	羧基、羟基	羟基某酸	取代羧酸	酸性、氧化反应
酮酸	羧基、酮基	某酮酸	取代羧酸	酸性、还原反应、脱羧反应

五、学习目标检测

（一）选择题

1. 下列羧酸属酮酸的是（　　）。

　　A. 乳酸　　　　　　B. 草酸　　　　　　C. 水杨酸　　　　　　D. 乙酰乙酸

2. 下列为羟基酸的物质是（　　）。

　　A. 柠檬酸　　　　　B. 丙酮　　　　　　C. 乙酰水杨酸　　　　D. 丁酮酸

3. 能与 $FeCl_3$ 显色的物质是（　　）。

　　A. 甲醇　　　　　　B. 甲醚　　　　　　C. 水杨酸　　　　　　D. 甲酸

4. 血中酮体所包括的成分为（　　）。

　　A. β-羟基酸　　　B. β-丁酮酸　　　C. 丙酮　　　　　　　D. 以上都是

5. 能与乙酸发生酯化反应的是（　　）。

　　A. 甲酸　　　　　　B. 甲醛　　　　　　C. 邻羟基苯甲酸　　　D. 丙酮

6. 属于酮酸的化合物是（　　）。

　　A. β-丁酮酸　　　B. 乳酸　　　　　　C. 苹果酸　　　　　　D. 酒石酸

（二）填空题

1. 乙酰水杨酸俗名_____，在临床上的作用是_____。

2. 羟基酸的官能团是_____和_____；酮酸的官能团是_____和_____。

3. 乳酸学名为_____，结构简式为_____；它在体内可发生脱氢氧化，其产物结构简式为_____，学名为_____。

4. 酮体包括_____、_____和_____三种物质。

（三）简答题

1. 乙酰水杨酸在临床上有什么作用？

2. 酮体是人体中什么代谢的产物？包括哪些成分？

3. 乳酸学名是什么？结构简式是什么?其钠盐在临床上有什么作用？

（舒　雷）

第10章

酯和油脂

第1节 酯

一、学习目标导航

1. 掌握酯的结构和命名。
2. 熟悉酯类的水解反应。

二、学习重点与难点

1. 本节学习重点是酯的结构和命名。
2. 本节学习难点是酯的化学性质。

三、相关知识链接

（一）烃氧基

醇分子 R—OH 去掉羟基上的氢原子所剩余的部分称为烃氧基 R—O—。例如，甲醇 CH_3OH 去掉羟基上的氢原子所剩余的部分称为甲氧基 CH_3O—；乙醇 CH_3CH_2OH 去掉羟基上的氢原子所剩余的部分称为乙氧基 CH_3CH_2O—。

（二）酰基

羧酸分子去掉羧基中的羟基后，余下部分称为酰基（R—$\overset{\text{O}}{\underset{}{\text{C}}}$—）。例如，甲酸、乙酸、苯甲酸、乙二酸（草酸）去掉羧基中的羟基后，余下部分分别称为甲酰基、乙酰基、苯甲酰基、草酰基。

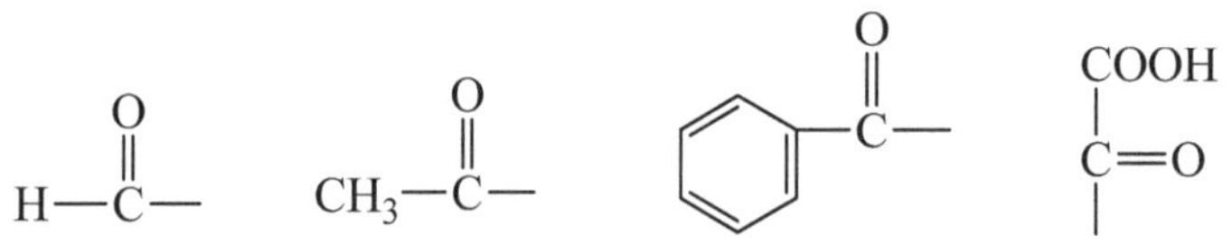

甲酰基　　　乙酰基　　　苯甲酰基　　　草酰基

（三）酯化反应

羧酸与醇作用生成酯和水的反应称为酯化反应，即羧基中的羟基被烃氧基取代。例如，

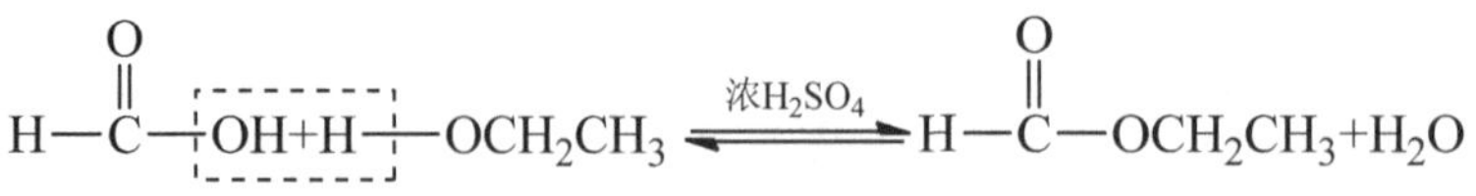

甲酸　　　　　　乙醇　　　　　　　　　甲酸乙酯

四、教材内容精解

（一）酯的结构

酯的结构通式为 R—$\overset{\displaystyle O}{\overset{\|}{C}}$—O—R$_1$，简写式为 R—COOR$_1$，其中 —$\overset{\displaystyle O}{\overset{\|}{C}}$—O— 称为酯键，是

酯的官能团，式中 R、R$_1$ 可能相同也可能不同。酯从结构上可看作是由酰基 R—$\overset{\displaystyle O}{\overset{\|}{C}}$— 和烃氧基 —OR$_1$ 连接形成的化合物；酯也可看作是羧酸中羧基上的羟基被烃氧基取代的产物。

（二）酯的命名

酯是根据生成酯的羧酸和醇来进行命名，羧酸名称在前，醇的名称在后，将后面的"醇"字改为"酯"字，称为"某酸某酯"，如乙酸甲酯（CH_3COOCH_3）、乙酸乙酯（$CH_3COOCH_2CH_3$）、乙酸苯酯（$CH_3COOC_6H_5$）、苯甲酸甲酯（$C_6H_5COOCH_3$）。

（三）酯的性质

酯的主要化学性质是水解反应。酯的水解反应与酯化反应互为逆反应。酯的水解反应速率慢，反应不完全，加入少量酸或碱作催化剂，可以加快酯的水解速率。在碱作催化剂时，生成的羧酸能与碱发生中和反应，使平衡向水解反应方向移动，水解反应程度加大。

五、学习目标检测

（一）选择题

1. 下列化合物属于酯类的是（   ）。

   A. $CH_3CH_2OCH_3$ B. HOOC—COOH

   C. ⬡—COOH   D. CH_3COOCH_3

2.  命名正确的是（   ）。

   A. 苯甲酸甲酯   B. 苯乙酸甲酯

   C. 苯甲酸乙酯   D. 苯乙酸乙酯

3. 乙酸和甲醇酯化反应的产物是（   ）。

   A. 甲酸甲酯   B. 甲酸乙酯   C. 乙酸甲酯   D. 乙酸乙酯

（二）填空题

1. 酯的结构通式为_____，酯类的官能团是_____。

2. 写出下列化合物的结构简式

（1）苯乙酸甲酯_____   （2）甲酸乙酯_____

3. 用系统命名法命名下列化合物

（1）$CH_3-\overset{\overset{O}{\|}}{C}-O-CH_2-CH_3$　_____

（2）$H-\overset{\overset{O}{\|}}{C}-O-\langle\bigcirc\rangle$　_____

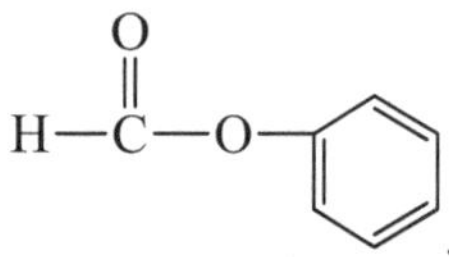

（三）简答题

怎样加快酯的水解反应速率？

第2节 油 脂

一、学习目标导航

1. 掌握油脂的组成和结构。
2. 熟悉油脂的性质。

二、学习重点与难点

1. 本节学习重点是油脂的组成、结构和主要性质。
2. 本节学习难点是油脂的结构。

三、相关知识链接

（一）油脂的生理功能

1. 储能与供能　油脂是动物体内能量储存和供能的重要物质之一。人体所需能量的20%～30%来自脂肪，每克脂肪氧化产生的热能是糖类物质的2倍。人在饥饿时，脂肪是机体所需能量的主要来源。

2. 为人体提供必需脂肪酸　必需脂肪酸对维持正常机体的生理功能有重要作用。必需脂肪酸与胆固醇的转运有密切关系。如果缺乏必需脂肪酸，胆固醇将与饱和脂肪酸结合，沉积在体内的组织器官与血管壁上，引起动脉硬化。

3. 保护功能和保温功能　储存在人体内脏器官表面的脂肪，具有保护内脏器官免受剧烈震动和摩擦的作用。储存在皮下的脂肪组织，由于导热性差，具有保持体温的作用。所以胖子怕热不怕冷。

4. 促进其他营养素的吸收　食物中的脂溶性维生素和胡萝卜素，能溶解在脂肪里，因此脂肪能促进上述维生素在人体中的吸收。

（二）甘油

甘油（$\underset{\underset{OH}{|}}{CH_2}-\underset{\underset{OH}{|}}{CH}-\underset{\underset{OH}{|}}{CH_2}$），学名丙三醇，是无色无臭黏稠略带甜味的液体，熔点17.9℃，沸点290℃，密度1.26g/cm³，能吸潮，可以与水任意比例互溶。在医学方面，丙三醇用以制

取各种配剂、外用软膏或栓剂等。临床上常用甘油栓或者 $\varphi_B = 0.50$ 的甘油水溶液（开塞露）治疗便秘。

四、教材内容精解

（一）油脂的组成和结构

油脂的主要成分甘油三酯，是由一分子甘油与三分子高级脂肪酸脱水形成的酯，医学上称三酰甘油。油脂中脂肪酸所占的比例为95%左右，所以油脂的性质和营养功能主要取决于脂肪酸的性质。

根据脂肪酸（即开链酸）碳链上是否含有碳碳双键，可将脂肪酸分为饱和脂肪酸与不饱和脂肪酸。不饱和脂肪酸的碳链上含有碳碳双键，饱和脂肪酸的碳链上不含有碳碳双键。

碳链上碳原子数在 10 个以下的脂肪酸称为低级脂肪酸，如奶油和椰子油中的丁酸、己酸、辛酸和癸酸等。碳链上碳原子数在 10 个以上的脂肪酸称为高级脂肪酸，如软脂酸、硬脂酸、油酸、亚油酸等。组成油脂的脂肪酸的种类较多，大多数是含偶数碳原子的直链高级脂肪酸。用于食品加工与烹饪的油和脂肪，一般统称为食用油脂。

（二）油脂的性质

1. 水解反应 在酸、碱或酶等催化剂的作用下，油脂均可发生水解反应。1 分子油脂完全水解的产物是 1 分子甘油和 3 分子高级脂肪酸。

油脂在碱性溶液中水解，生成甘油和高级脂肪酸盐，高级脂肪酸盐称为肥皂，所以将油脂在碱性溶液中发生的水解反应称为皂化反应。

2. 油脂的氢化 液态油在催化剂存在并加热、加压的条件下，可以跟氢气发生加成反应，提高油脂的饱和度，生成固态油脂。

3. 酸败 天然油脂在空气中放置过久，就会变质，产生难闻的气味，这个过程称为酸败。

五、学习目标检测

（一）选择题

1. 下列哪种物质不是必需脂肪酸（　　）。
   A. 油酸　　　　　　　　　　　B. 亚油酸
   C. 亚麻酸　　　　　　　　　　D. 花生四烯酸
2. 下列不是油脂水解产物的是（　　）。
   A. 硬脂酸　　　　　　　　　　B. 乙醇
   C. 甘油　　　　　　　　　　　D. 软脂酸
3. 下列物质属于不饱和脂肪酸的是（　　）。
   A. 硬脂酸　　　B. 软脂酸　　　C. 油酸　　　　D. 柠檬酸
4. 加热油脂与氢氧化钾溶液的混合物，可生成甘油和高级脂肪酸钾，这个反应称为油脂的（　　）。
   A. 酯化　　　B. 乳化　　　C. 氢化　　　D. 皂化
5. 医药上常用软皂的成分是（　　）。

    A. 高级脂肪酸盐　　　　　　　　B. 高级脂肪酸钠盐

    C. 高级脂肪酸钾盐　　　　　　　　D. 高级脂肪酸钾、钠盐

（二）填空题

    1. 油脂是_____和_____的总称，它们是由甘油和_____反应生成的酯。

    2. 油脂的酸败实质上是由于发生了_____和_____，生成了有挥发性有臭味的_____混合物。

    3. 1mol 油脂完全水解可得到 1mol_____和 3mol_____。

（三）简答题

    怎样防止油脂的酸败？

（张春梅）

第11章

糖　类

第1节　单　糖

一、学习目标导航

1. 掌握单糖的结构。
2. 熟悉单糖的性质。
3. 了解常见的单糖。

二、学习重点与难点

1. 本节学习重点是单糖的结构。
2. 本节学习难点是单糖的结构和性质。

三、相关知识链接

（一）羟基、醛基、酮基

（1）羟基（—OH）是有机化学中常见的官能团，在醇、酚、羧酸、羟基酸及糖类等化合物中含有羟基。

（2）醛基（—CHO）是有机化学中常见的官能团，在醛、部分糖类等化合物中含有醛基。

（3）酮基（$-\overset{\overset{O}{\|}}{C}-$）是有机化学中常见的官能团，在酮、酮酸、部分糖类等化合物中含有酮基。

（二）具有复合官能团有机化合物命名时官能团的优先顺序

—COOH（羧基）＞—COOR（酯基）＞—CHO（醛基）＞—CO—（酮基）＞—OH（羟基）＞—NH$_2$（氨基）＞—O—（醚键）＞碳碳双键＞碳碳三键

（三）L-甘油醛、D-甘油醛

手性碳原子又称不对称碳原子，它是指与 4 个不同的原子或原子团相连的碳原子。甘油醛为丙醛糖（单糖），分子式为 $C_3H_6O_3$，是最简单的醛糖。甘油醛是具有甜味的无色晶体，作为糖类代谢的中间产物。

甘油醛碳链上第二个碳原子上连有氢原子、羟基、醛基、羟甲基 4 个不同的原子或原子团，是手性碳原子。含有手性碳原子的分子会产生两种对映异构体，甘油醛有两种对映异构体，手性碳原子所连羟基在左边的标记为 L-甘油醛，手性碳原子所连羟基在右边的标记为 D-甘油醛；L 是英语 laevo 的字首，意为"左"；D 是英语 dextro 的字首，意为"右"，见下图。

$$
\begin{array}{ccc}
& \text{CHO} & \\
\text{HO} & \text{—C—} & \text{H} \\
& \text{CH}_2\text{OH} &
\end{array}
\qquad
\begin{array}{ccc}
& \text{CHO} & \\
\text{H} & \text{—C—} & \text{OH} \\
& \text{CH}_2\text{OH} &
\end{array}
$$

L-甘油醛　　　　　　D-甘油醛

（四）费歇尔投影式

费歇尔投影式是德国化学家费歇尔为使书写含手性碳原子的有机物变得更为简洁，于1891 年提出的一种化学结构式。对映异构体在结构上的区别，在于原子或原子团的空间排布方式不同，用费歇尔投影式可以直观简便地表示分子的空间结构，其要点之一是将立体模型所代表的主链竖起来，编号小的碳原子在上端。

四、教材内容精解

（一）单糖的结构

单糖是多羟基的醛或多羟基的酮。单糖是具有复合官能团的有机化合物，官能团的优先顺序中，醛基或酮基比羟基优先。

1. 单糖的结构特点

（1）醛糖含官能团醛基和羟基，酮糖含官能团酮基和羟基。

（2）含碳、氢、氧三种原子。

（3）分子中至少含两个羟基，最简单的单糖是丙醛糖或丙酮糖。

2. 葡萄糖的结构特点

（1）开链式：葡萄糖分子结构中有 4 个（C_2、C_3、C_4、C_5）手性碳原子，共有 16 个对映异构体（$2^4 = 16$），葡萄糖的费歇尔投影式中除 3 位碳原子上的羟基在碳链的左侧外，其余的羟基都排在右侧。

因为葡萄糖分子对映异构体多达 16 个，因此在书写葡萄糖的费歇尔投影式时手性碳原子所连的羟基在碳链两侧的位置绝对不能写错。例如，在葡萄糖的费歇尔投影式中，若把 C_4 所连羟基从右边移到左边，就是半乳糖了，而不是葡萄糖。

（2）环状结构：葡萄糖形成环状结构后有两种构型 α-D-葡萄糖和 β-D-葡萄糖，C_1 半缩醛羟基在投影式右边称为 α 型；在左边称为 β 型。

（3）哈沃斯式：又称哈沃斯透视式或哈沃斯投影式，是表示单糖以及双糖或多糖所含单糖环形结构的一种常用方法，名称来源于英国化学家沃尔特·哈沃斯。在葡萄糖的费歇尔投影式中，形成环的氧原子与 C_1 和 C_5 看起来很远，与实际结构不符合，采用哈沃斯式更能反映葡萄糖的实际结构。

（4）哈沃斯式书写规则：①成环的原子在同一平面，氧原子标出，碳原子以折点表示；②当成环碳原子按顺时针方向排列时，环状费歇尔投影式左边羟基写在环上方，右边羟基写在环下方；③与环上碳原子相连的氢原子可以写出，也可以省略；④粗线表示原子更接近观察者，细线表示离观察者远。

3. 果糖的结构特点

（1）开链式：果糖是己酮糖，与葡萄糖互为同分异构体。果糖的分子式中 2 号碳是酮基，其余 5 个碳原子上各连一个羟基，其中 C_3、C_4、C_5 三个手性碳原子上羟基的空间位置与葡萄糖相同。果糖比葡萄糖少 1 个手性碳原子，只有 3 个手性碳原子，其对映异构体数有 8 个（$2^3 = 8$）。

（2）氧环式：①吡喃糖，杂环化合物中的吡喃是由 5 个碳原子与 1 个氧原子构成的六元环状化合物；把由 5 个碳原子和 1 个氧原子形成的六元环单糖看作杂环吡喃的衍生物，称为吡喃糖。②呋喃糖，杂环化合物中的呋喃是由 4 个碳原子与 1 个氧原子构成的五元环状化合物；把由 4 个碳原子和 1 个氧原子形成的五元环单糖看作杂环呋喃的衍生物，称为呋喃糖。

游离态果糖具有吡喃糖的六元环状结构，由 C_6 上的羟基与 C_2 上的酮基结合形成环状哈沃斯式，称为 D-吡喃果糖。结合态的果糖存在于双糖等结合糖中，由 C_5 上的羟基与 C_2 上的酮基结合形成环状哈沃斯式，具有呋喃糖结构，称为 D-呋喃果糖。

（二）单糖的性质

（1）单糖具有较强的还原性，能被弱氧化剂托伦试剂、费林试剂和班氏试剂氧化，都是还原糖。

（2）溴水能氧化葡萄糖等醛糖，不能氧化果糖等酮糖，所以可利用溴水区别葡萄糖与果糖。

（3）糖的环状结构中的半缩醛羟基比较活泼，可与醇、酚等含有羟基的化合物脱水生成糖苷。糖苷由糖和非糖两部分通过氧苷键连接，糖的部分称为糖苷基，非糖部分称为配糖基。例如，葡萄糖甲苷中，葡氧基是糖苷基，甲基是配糖基。

（4）单糖的所有羟基都可与酸结合成酯。单糖的各种磷酸酯是糖代谢的中间产物，在生命过程中具有重要作用。

五、学习目标检测

（一）选择题

1. 下述单糖属于酮糖的是（　　）。
   A. 核糖　　　　　B. 葡萄糖　　　　C. 果糖　　　　　D. 半乳糖
2. 区别葡萄糖和果糖可用（　　）。
   A. 班氏试剂　　　B. 托伦试剂　　　C. 费林试剂　　　D. 溴水
3. 葡萄糖的环状结构中半缩醛羟基是（　　）。
   A. C_1—OH　　　B. C_2—OH　　　C. C_4—OH　　　D. C_5—OH
4. 果糖的环状结构中半缩醛羟基是（　　）。
   A. C_1—OH　　　B. C_2—OH　　　C. C_4—OH　　　D. C_5—OH
5. 自然界存在的葡萄糖是（　　）。
   A. D-构型　　　　　　　　　　B. L-构型
   C. D-构型和 L-构型　　　　　　D. 绝大多数是 D-构型

（二）填空题

1. 醛糖含两种官能团_____和_____，酮糖含两种官能团_____和_____。
2. 单糖含_____、_____、_____三种原子；单糖分子中至少含_____，最简单的单糖是_____或_____。
3. 葡萄糖分子结构中有_____、_____、_____、_____4 个手性碳原子，共有_____个对映异构体,葡萄糖的费歇尔投影式中除_____的羟基在碳链的左侧外,其余的羟基都排在_____。

4. 葡萄糖形成环状结构后有_____和_____两种构型,C$_1$半缩醛羟基在投影式右边称为_____,在左边称为_____。

5. 把由5个碳原子和1个氧原子形成的六元环单糖看作杂环吡喃的衍生物,称为_____。把由4个碳原子和1个氧原子形成的五元环单糖看作杂环呋喃的衍生物,称为_____。

6. 糖苷由糖和非糖两部分通过氧苷键连接,糖的部分称为_____,非糖部分称为_____。葡萄糖甲苷中,葡氧基是_____,甲基是_____。

(三)简答题

简述哈沃斯式的书写规则。

第2节　双　糖

一、学习目标导航

1. 熟悉蔗糖、麦芽糖、乳糖的性质。
2. 了解蔗糖、麦芽糖、乳糖的结构。

二、学习重点与难点

1. 本节学习重点是蔗糖、麦芽糖、乳糖的性质。
2. 本节学习难点是蔗糖、麦芽糖、乳糖的结构。

三、相关知识链接

双糖是糖类的一种,是由两个单糖分子经缩合反应除去一个水分子而形成的糖。例如,乳糖是由葡萄糖和半乳糖脱水形成的双糖,蔗糖是由葡萄糖和果糖脱水形成的双糖,麦芽糖是由两个葡萄糖脱水形成的双糖。

(一)蔗糖

蔗糖是人类基本的食品添加剂之一,已有几千年的历史。以蔗糖为主要成分的食糖根据纯度由高到低又分为冰糖(99.9%)、白砂糖(99.5%)、绵白糖(97.9%)和赤砂糖(也称红糖或黑糖)(89%)。蔗糖容易被酸水解,水解后产生等量的 D-葡萄糖和 D-果糖,不具还原性。发酵形成的焦糖可以用作酱油的增色剂。

(二)麦芽糖

麦芽糖是一种无色结晶,味甜,甜度约为蔗糖的三分之一。麦芽糖是米、大麦、粟或玉蜀黍等粮食经发酵制成的糖类食品,是一种廉价的营养食品,容易被人体消化和吸收。麦芽糖是禾本科植物大麦萌发时,淀粉酶将储藏的淀粉分解所得的双糖,是甜食品中的主要糖质原料。

(三)乳糖

乳糖的甜度约是蔗糖的五分之一,乳中 2%~8% 的固体成分为乳糖。幼小的哺乳动物肠道能分泌乳糖酶分解乳糖为单糖。乳糖在人体中不能直接吸收，需要在乳糖酶的作用下分解才能被吸收，缺少乳糖分解酶的人群在摄入乳糖后，未被消化的乳糖直接进入大肠，刺激大肠蠕动加快，造成腹鸣、腹泻等症状，将其称为乳糖不耐受症。食用酸奶、低乳糖奶可以减缓乳糖不耐受症。

四、教材内容精解

双糖是两分子单糖脱水结合形成的低聚糖，是最简单、最常见的低聚糖。

（一）非还原性双糖

这种双糖是由一个单糖分子的半缩醛羟基与另一分子单糖的半缩醛羟基脱水形成的。因为此种双糖中已无醛基，不能被托伦试剂、费林试剂和班氏试剂所氧化，所以称为非还原性双糖。

在非还原性双糖中，蔗糖是最重要、广泛存在于植物中的双糖，但一般不存在于动物体内。蔗糖中果糖单位处于结合态，是由 C_5 上的羟基与 C_2 上的酮基结合形成环状哈沃斯式，具有呋喃糖结构，称为 D-呋喃果糖。蔗糖中的果糖单位翻转了 180° 后，成环碳原子按逆时针方向排列，环状费歇尔投影式左边羟基改写在环下方，右边羟基改写在环上方。

（二）还原性双糖

这种双糖是由一个单糖分子的半缩醛羟基与另一分子单糖的醇羟基脱水形成的。生成的双糖仍保留一个半缩醛羟基，其水溶液具有还原性，能被托伦试剂、费林试剂和班氏试剂所氧化，所以称为还原性双糖。麦芽糖与乳糖都是还原性双糖。

五、学习目标检测

（一）选择题

1. 下列物质既有还原性，又能水解的糖是（　　　）。
   A. 麦芽糖　　　　B. 果糖　　　　C. 蔗糖　　　　D. 葡萄糖
2. 冰糖的主要成分是（　　　）。
   A. 麦芽糖　　　　B. 果糖　　　　C. 蔗糖　　　　D. 葡萄糖
3. 能水解产生半乳糖和葡萄糖的是（　　　）。
   A. 麦芽糖　　　　B. 果糖　　　　C. 蔗糖　　　　D. 乳糖
4. 下列甜度最弱的糖是（　　　）。
   A. 麦芽糖　　　　B. 果糖　　　　C. 蔗糖　　　　D. 乳糖
5. 分子结构中没有半缩醛羟基的是（　　　）。
   A. 麦芽糖　　　　B. 蔗糖　　　　C. 果糖　　　　D. 葡萄糖

（二）填空题

1. 重要的双糖有_____、_____、_____等，其分子式都为_____，互为_____。
2. 蔗糖容易被酸_____，水解后产生等量的_____和_____；不具_____；发酵形成的焦糖可以用作酱油的_____。
3. 1mol 乳糖完全水解可得到 1mol_____和 1mol_____。1mol 麦芽糖完全水解可得到 2mol_____。

（三）简答题

为什么蔗糖没有还原性，而麦芽糖和乳糖具有还原性？

第3节 多　糖

一、学习目标导航

1. 熟悉淀粉、糖原、纤维素的作用。
2. 了解淀粉、糖原、纤维素的结构。

二、学习重点与难点

1. 本节学习重点是淀粉、糖原、纤维素的作用。
2. 本节学习难点是淀粉、糖原、纤维素的结构。

三、相关知识链接

（一）糖类的营养与生理功能

1. 人体最重要的能量物质　在人类的饮食中，特别是在植物性食品为主的膳食中，糖类所占的比例最大，因为糖类最容易获得，也是较经济的热能来源。中国人每天的主食，就是以糖类为主的食品。

2. 抗生酮的作用　如果膳食中糖类严重缺乏，人体主要依靠脂肪氧化供能，脂肪在氧化过程中累积到一定程度会造成"酮症"，引起人体疲乏、恶心、呕吐及呼吸深而快，甚至导致昏迷。若糖类充足，"酮症"不会发生。

3. 参与人体某些组织的构成　血液中含有一定浓度的血糖。如果血糖含量不足，脑神经得不到足够的养分，容易出现昏迷与休克。如果血糖超过正常值，会引发糖尿病。肌肉和肝脏中含有糖原，是人体储存葡萄糖的方式。

4. 对蛋白质的节约作用　如果膳食中糖类不足，无法满足人体活动所需的热能，就要动用人体中的蛋白质氧化供能。

5. 食物纤维的特殊功能　食物纤维虽然不能被消化，但对肠壁有刺激作用，能引起肠壁的收缩蠕动，促进消化液的分泌，有利于食物的消化，促进粪便的排泄，防止便秘的发生。

（二）高分子化合物

高分子化合物简称高分子，又称大分子，一般指相对分子质量高达一万到上百万的化合物。高分子化合物（又称高聚物）的分子比低分子有机化合物的分子大得多。一般低分子有机化合物的相对分子质量不超过1000,而高分子化合物的相对分子质量可达104万～106万。由于高分子化合物的相对分子质量很大，所以在物理、化学和力学性能上与低分子化合物有很大差异。

高分子化合物的相对分子质量虽然很大，但组成并不复杂，它们的分子往往都是由特定的结构单元通过共价键多次重复连接而成。同一种高分子化合物的分子链所含的链节数并不相同，所以高分子化合物实质上是由许多链节结构相同，而聚合度不同的化合物所组成的混合物，其相对分子质量与聚合度都是平均值。

淀粉、糖原与纤维素等多糖属于天然高分子化合物，其化学组成可用通式$(C_6H_{10}O_5)_n$表示，结构单元均是 D-葡萄糖。

四、教材内容精解

多糖是由几百至数千个单糖以氧苷键结合形成的天然高分子化合物，相对分子质量一般在几万以上。多糖与单糖、双糖在性质上差别很大。多糖为无定形粉末，一般无甜味，难溶于水，也难溶于有机溶剂，不具有还原性，没有旋光性，水解的最终产物都是单糖。

淀粉、糖原与纤维素的结构单元均是 D-葡萄糖。直链淀粉中结构单元间是 D-吡喃葡萄糖通过 α-1, 4-糖苷键连接起来的链状分子。支链淀粉中结构单元间除了由 D-吡喃葡萄糖通过 α-1, 4-糖苷键连接起来的主链外，还有 D-吡喃葡萄糖通过 α-1, 6-糖苷键连接起来的支链。糖原结构与支链淀粉相似，分子中也存在 α-1, 4-糖苷键和 α-1, 6-糖苷键，但分支程度更高。纤维素是不含支链的链状结构，是由 D-吡喃葡萄糖通过 β-1, 4-糖苷键连接起来的链状分子。

在人体内，淀粉在淀粉酶催化作用下转化为麦芽糖，继续水解可得到供人的机体利用的葡萄糖。人的消化道中无水解 β-1, 4-糖苷键的纤维素酶，所以人不能消化纤维素。食草动物具有分解纤维素的 β-1, 4-糖苷键水解酶，因此可以纤维素为营养来源。

淀粉与碘作用呈蓝色，糖原与碘作用显紫红色，可利用此性质区别淀粉与糖原。

五、学习目标检测

（一）选择题

1. 糖在人体中的储存形式是（　　　）。

A. 淀粉　　　　　　B. 糖原　　　　　　C. 纤维素　　　　　D. 蔗糖

2. 没有甜味的糖是（　　　）。

A. 葡萄糖　　　　　B. 果糖　　　　　　C. 麦芽糖　　　　　D. 淀粉

3. 在人体内不能被水解的糖是（　　　）。

A. 蔗糖　　　　　　B. 乳糖　　　　　　C. 纤维素　　　　　D. 淀粉

（二）填空题

1. 多糖的_____很大，属于天然_____，其化学组成可用通式_____表示。

2. 多糖为无定形粉末，一般_____，难_____，也难溶于_____，不具有_____，没有_____，水解的最终产物都是_____。

3. 淀粉、糖原与纤维素的结构单元均是_____。直链淀粉中结构单元间是 D-吡喃葡萄糖通过_____连接起来的链状分子。支链淀粉中结构单元间除了由_____通过_____连接起来的主链外，还有_____通过_____连接起来的支链。

（三）简答题

人为什么不能以纤维素作为营养来源，而食草动物可以？

（丁宏伟）

第12章

杂环化合物和生物碱

第1节 杂环化合物

一、学习目标导航

1. 掌握杂环化合物的结构特点和命名。
2. 熟悉常见杂环化合物的分类。
3. 了解常见的杂环化合物在医学中的应用。

二、学习重点与难点

1. 本节学习重点是杂环化合物的结构特点和命名。
2. 本节学习难点是杂环化合物的结构特点。

三、相关知识链接

有机化合物按其构成的碳链骨架分为开链化合物和闭链化合物。

（一）开链化合物（脂肪族化合物）

碳原子与碳原子或其他原子之间连接成链状的有机化合物称为开链化合物。由于这类化合物最初在脂肪中发现，所以又称脂肪族化合物。

（二）闭链化合物

碳原子与碳原子或其他原子之间连接成环状的有机化合物称为闭链化合物。闭链化合物根据环中原子的构成情况分为碳环化合物和杂环化合物。

1. **碳环化合物** 分子中构成环的原子全部由碳原子构成的化合物称为碳环化合物。碳环化合物又分为脂环化合物和芳香化合物；与脂肪族（开链）化合物性质类似的化合物称为脂环化合物，如环戊烷、环己烷；含苯环的化合物称为芳香化合物，如苯、萘。

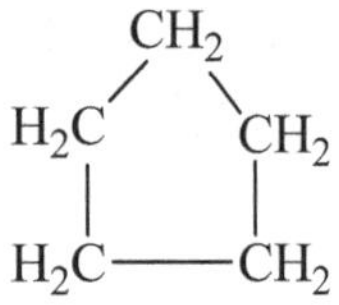

| 环戊烷 | 环己烷 | 苯 | 萘 |

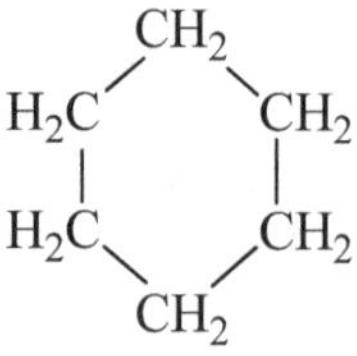

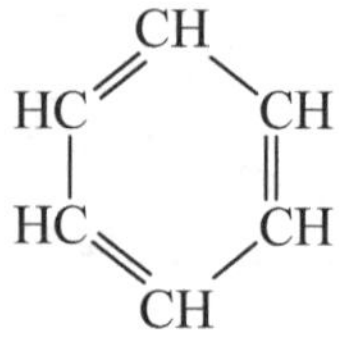

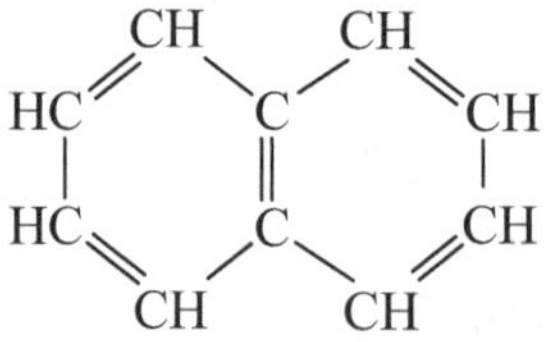

2. **杂环化合物** 构成环的原子中除碳原子以外还有其他原子的化合物称为杂环化合物，如呋喃、吡啶。

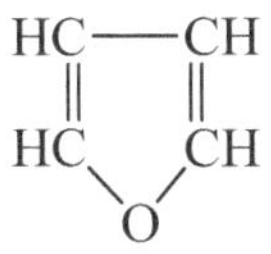
呋喃

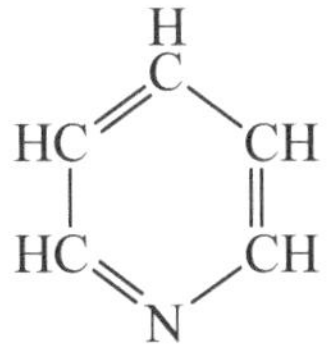
吡啶

四、教材内容精解

（一）杂环化合物的存在

杂环化合物在自然界分布很广，种类多，数量大，大部分都具有生理活性。例如，中草药的有效成分生物碱大多是含氮的杂环化合物；在动物体内有着重要生理功能的血红素、叶绿素及作为遗传因子的核酸的碱基都是含氮的杂环化合物。许多天然药物和人工合成药物及染料、香料也都含有杂环结构。组成蛋白质的某些氨基酸是杂环的衍生物。

（二）杂环化合物的概念

杂环化合物是由碳原子和非碳原子共同组成环状骨架结构的一类化合物。这些非碳原子统称为杂原子，常见的杂原子为氮、氧、硫等。

（三）杂环化合物的分类

杂环化合物的分类通常以杂环骨架为基础进行分类，分为单杂环和稠杂环两大类，通常有五元杂环、六元杂环、苯稠杂环、稠杂环。杂环化合物可按环中原子数目进行分类，环中原子数目可有 3～8 个，其中五元杂环与六元杂环最为常见。

（四）杂环化合物的命名

1. 译音命名法　按外文名称的译音来命名，并用带“口”旁的同音汉字表示杂环名称。如呋喃、噻吩、吡咯就是根据 furan、thiophene、pyrrole 等英文名称音译的。该命名方法简单，但不能反映其结构特点。

呋喃

噻吩

吡咯

2. 杂环衍生物的命名　杂环上有取代基时，以杂环为母体，将环编号以注明取代基的位次，编号一般从杂原子开始。含有两个或两个以上相同杂原子的单杂环编号时，把连有氢原子的杂原子编为 1，并使其余杂原子的位次尽可能小；如果环上有多个不同杂原子时，按氧、硫、氮的顺序编号。

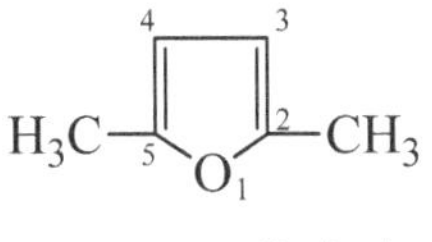
2, 5-二甲基呋喃

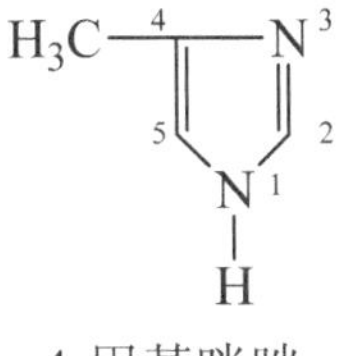
4-甲基咪唑

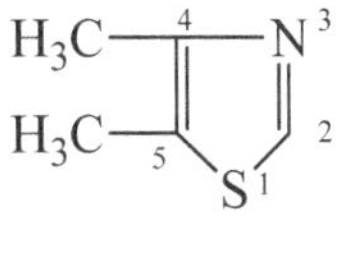
4, 5-二甲基噻唑

五、学习目标检测

（一）选择题

1. 下列化合物属于杂环化合物的是（　　　）。

A. 　　　　B. 　　　　C. 　　　　D.

2. 下列化合物属于五元杂环化合物的是（　　　）。

A. 噻吩　　　　B. 嘧啶　　　　C. 吲哚　　　　D. 喹啉

（二）填空题

1. 在环状有机物中，构成环的原子是由＿＿＿＿＿＿和＿＿＿＿＿＿构成的化合物称为杂环化合物。

2. 单杂环化合物通常分为＿＿＿＿＿＿杂环和＿＿＿＿＿＿杂环两大类。

（三）简答题

下列杂环化合物，含有哪些杂环母核？

1. 　　　　2.

3.

第2节　生　物　碱

一、学习目标导航

1. 掌握生物碱的概念。
2. 掌握生物碱的一般性质。
3. 熟悉生物碱的生理作用。

二、学习重点与难点

1. 本节学习重点是生物碱的概念和一般性质。
2. 本节学习难点是生物碱的化学性质。

三、相关知识链接

存在于生物体内具有明显碱性和生理活性的含氮有机化合物，称为生物碱。生物碱主要存在于植物中，所以又称植物碱。例如，鸦片中含有 20 多种生物碱；烟草中含有 10 多种生物碱。产地不同，植物中生物碱的含量也不同。

绝大多数生物碱是多环系的具有复杂结构的化合物，其特点是都含有氮原子。多数生物碱分子中的氮原子是以含氮杂环的形式存在，也有部分是胺类化合物。一种植物中有时可以含有许多种结构近似的生物碱，一种生物碱也可以存在于不同科植物内。生物碱在植物体内常与有机酸结合成盐存在，少数以游离碱、酯或苷的形式存在。

生物碱一般都具有显著的生理活性。许多生物碱是中草药的有效成分，在医疗上有广泛应用。例如，黄连中的小檗碱有清热解毒、治疗痢疾的功效；吗啡具有镇痛作用，是最早使用的一种镇痛剂；麻黄碱有平喘止咳的效能；莨菪碱用于平滑肌痉挛、胃和十二指肠溃疡的治疗。从长春花中可分离出近六十种生物碱，其中一种为长春新碱，具有显著的抗白血病及恶性淋巴肿瘤的作用。

生物碱一般毒性较大，治疗时用量要适度，量过大会引起中毒以致死亡。对生物碱的研究，促进了有机合成药物的发展，为合成新药物提供了线索。例如，对古柯碱结构和性质的研究，导致局部麻醉剂普鲁卡因的合成；对奎宁化学结构的确定，促进了新抗疟药氯喹的合成。

四、教材内容精解

（一）生物碱的结构特点

1. 多数由 C、H、O、N 组成，少数含有 S、Cl。

2. N 多在环上，少数在环外。

（二）生物碱的概念

生物碱是生物体内具有生理活性的一类含氮有机化合物。

（三）生物碱的性质

1. 物理性质

（1）形态：多为结晶性固体，少数为液体（如烟碱）。

（2）味道：一般有苦味。

（3）颜色：一般为无色或白色，少数具有长链共轭体系的具有一定颜色。例如，小檗碱呈黄色；小檗红碱呈红色。

（4）挥发性与升华性：少数液体及个别小分子生物碱具有挥发性（如麻黄碱），少数具有升华性（如咖啡因）。

2. 化学性质

（1）碱性：大多数的生物碱有碱性，能与酸成盐，遇强碱，生物碱则从它的盐中游离出来。

（2）沉淀反应：大多数生物碱能与生物碱沉淀试剂反应，生成简单盐或复盐的有色沉淀。常用的生物碱沉淀试剂是一些酸和重金属盐类的溶液，如苦味酸、鞣酸、碘化铋钾（$KBiI_4$）、碘化汞钾（K_2HgI_4）、磷钨酸（$H_3PO_4 \cdot 12WO_3$）等。

（3）显色反应：生物碱与一些试剂反应，呈现各种颜色，也可用于鉴别生物碱。例如，钒酸铵-浓硫酸溶液与吗啡反应时显棕色、与可待因反应显蓝色、与莨菪碱反应则显红色。

五、学习目标检测

（一）选择题

1. 下列不属于生物碱的是（　　　）。

　　A. 麻黄碱　　　　B. 吗啡　　　　　C. 肾上腺素　　　　D. 吡咯

2. 医药上常用于过敏性休克的生物碱的是（　　）。

　　A. 盐酸肾上腺素　B. 盐酸吗啡　　　C. 盐酸阿托品　　　D. 磷酸可待因

3. 下列关于生物碱的叙述错误的是（　　）。

　　A. 存在于生物体内　　　　　　B. 一般都具有显著的生理活性

　　C. 分子中都含有氮杂环　　　　D. 一般具有弱碱性

（二）填空题

1. 生物碱是存在于_____，具有显著_____的_____碱性有机化合物。生物碱一般_____于水，_____于有机溶剂；生物碱盐则_____于水而_____于有机溶剂。

2. 常用的生物碱沉淀试剂有_____、_____、_____、_____、_____。

（三）简答题

分别列举几种对人体有益和有害的生物碱，分别说明其来源和在医学上的应用。

（张春梅）

第13章

氨基酸与蛋白质

第1节 氨 基 酸

一、学习目标导航

1. 掌握 α-氨基酸的结构特点及主要化学性质。
2. 熟悉氨基酸的主要分类方法。

二、学习重点与难点

1. 本节学习重点是 α-氨基酸的结构特点及主要化学性质。
2. 本节学习难点是 α-氨基酸的主要化学性质。

三、相关知识链接

（一）取代羧酸的概念和结构

羧酸分子内烃基中的氢原子被其他原子或原子团取代所形成的化合物称为取代羧酸。取代羧酸除含有羧基外，还具有其他官能团，因此又称为具有复合官能团的羧酸。取代羧酸根据取代基的种类不同分为羟基酸、酮酸、氨基酸等。

分子中除羧基外还含有羟基的取代羧酸称为羟基酸。分子中除羧基外还含有酮基的取代羧酸称为酮基酸，简称酮酸。分子中除羧基外还含有氨基的取代羧酸称为氨基酸。

（二）取代羧酸的命名

羟基酸、酮酸、氨基酸的系统命名法都是以羧酸为母体，分别把羟基、酮基或氨基当作取代基，用希腊字母或阿拉伯数字分别标明羟基、酮基或氨基的位次；羟基酸称羟基某酸，酮酸称某酮酸，氨基酸称氨基某酸，"某"是指主链碳原子数。

羟基酸、酮酸和氨基酸的名称也常根据来源采用俗名。

（三）取代羧酸的性质

取代羧酸具有复合官能团，其性质与其结构中的每个官能团都有密切关系，如氨基酸的性质主要取决于其结构中的羧基和氨基。

四、教材内容精解

（一）氨基酸的结构

（1）氨基、亚氨基　氨分子（NH_3）中去掉一个氢原子剩余的原子团称为氨基（—NH_2），氨分子去掉两个氢原子剩余的原子团称为亚氨基（—NH—）。

（2）氨基酸的结构特点。氨基酸是羧酸分子中烃基上的氢原子被氨基取代而生成的化合物。例如，α-氨基丙酸可看作是丙酸分子 CH_3—CH_2—$COOH$ 中烃基上的氢原子被氨基取代生成的化合物。

$$CH_3\!-\!CH\!-\!COOH$$
$$|$$
$$NH_2$$

α-氨基丙酸

氨基酸含有氨基（—NH_2）和羧基（—$COOH$）两种官能团，是具有复合官能团的羧酸。氨基酸是构成蛋白质的基本单位。当蛋白质在酸、碱或酶的作用下水解时，最终转变成各种不同 α-氨基酸的混合物。

（二）氨基酸的分类

（1）α-氨基酸是在羧基邻位 α-碳原子上（即 2 位碳上）有一个氨基，β-氨基酸（羧基碳是 1 位碳）是在 3 位碳原子上有一个氨基，γ-氨基酸是在 4 位碳原子上有一个氨基。组成人体蛋白质的 20 种氨基酸都是 α-氨基酸。

（2）脂肪族氨基酸是开链结构的氨基酸；芳香族氨基酸是含有苯环结构的氨基酸；杂环氨基酸是含有杂环结构的氨基酸。

（3）氨基酸中氨基显碱性、羧基显酸性，一氨基一羧基氨基酸称为中性氨基酸，但是中性氨基酸溶液的 pH 不等于 7 而是略小于 7，这是因为羧基的酸性比氨基的碱性略强；一氨基二羧基氨基酸称为酸性氨基酸，其溶液的 pH<7；二氨基一羧基氨基酸称为碱性氨基酸，其溶液的 pH>7。

（三）氨基酸的命名

氨基酸一般按照其性质或来源而采用俗名，系统命名法用的较少。

（四）必需氨基酸、半必需氨基酸、非必需氨基酸

（1）必需氨基酸是指人体不能合成或合成速度远不适应机体的需要，必需由食物蛋白供给的氨基酸。成人必需氨基酸的需要量为蛋白质需要量的 20%～37%。共有 8 种必需氨基酸。

（2）半必需氨基酸是指人体虽能够合成但通常不能满足正常需要的氨基酸，又称条件必需氨基酸，如精氨酸和组氨酸。精氨酸和组氨酸是成人的半必需氨基酸，但在幼儿生长期是必需氨基酸。人体对必需氨基酸的需要量随着年龄的增加而下降，成人比婴儿显著下降。

（3）非必需氨基酸是指人体能在体内合成，不需要从食物中获得的氨基酸。大多数氨基酸属于非必需氨基酸，"非必需"并非人体不需要这些氨基酸，而是人体可以通过自身合成或从其他氨基酸转化得到，不一定非从食物中摄取。

（五）氨基酸的性质

1. 两性电离和等电点

氨基酸分子中含有氨基和羧基，因此具有胺和羧酸的一些性质，但由于分子内氨基和羧基之间的相互影响，氨基酸又有一些特殊性质。氨基酸是两性化合物，具有两性电离的性质。

酸式电离　RCHOOH ⇌ RCHOO⁻ + H⁺
　　　　　　｜NH₂　　　　｜NH₂

碱式电离　RCHOOH + H₂O ⇌ RCHOOH + OH⁻
　　　　　　｜NH₂　　　　　　　｜NH₃⁺

$$R-\underset{\underset{NH_2}{|}}{CH}-COOH \rightleftharpoons R-\underset{\underset{NH_3^+}{|}}{CH}-COO^-$$

两性离子（分子内盐）

当把氨基酸溶液调节到某一酸碱度（即 pH）时，其酸式电离程度与碱式电离程度相当，此时氨基酸主要以两性离子存在，两性离子的净电荷为零，从而处于等电状态，在电场中不向任何一极移动，这时溶液的 pH 称为氨基酸的等电点，用"pI"表示。由于各种氨基酸的组成和结构不同，因此它们的等电点不同。

等电点并不是中性点，两性离子的净电荷为零，并不意味着溶液呈中性，即 pH 不等于 7。在中性氨基酸的两性离子溶液中，因为酸式电离程度略大于碱式电离程度，所以中性氨基酸的等电点略小于 7，一般为 5~6.5；酸性氨基酸的等电点一般为 2.7~3.2；碱性氨基酸的等电点都大于 7，一般为 9.5~10.7。

在等电点时，氨基酸的溶解度、黏度和吸水性都最小。由于等电状态时溶解度最小，最易从溶液中析出，因此利用调节等电点的方法，可以分离和提纯某些氨基酸。

2. 成肽反应

肽是由两个或两个以上氨基酸分子脱水缩合以肽键相连的化合物。

由于氨基酸的脱水方式不同，因此由几个不同的氨基酸可以生成多种不同的肽。例如，由甘氨酸和丙氨酸所生成的二肽就有以下两种：

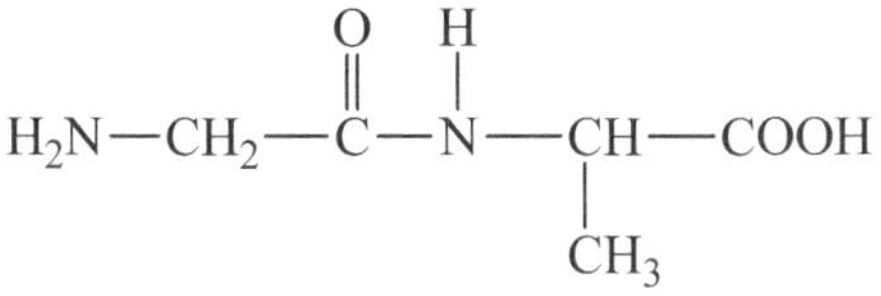

$H_2N-CH_2-\underset{\underset{}{\overset{\overset{O}{\|}}{C}}}-\underset{\underset{}{\overset{\overset{H}{|}}{N}}}-\underset{\underset{CH_3}{|}}{CH}-COOH \qquad H_2N-\underset{\underset{CH_3}{|}}{CH}-\underset{\underset{}{\overset{\overset{O}{\|}}{C}}}-\underset{\underset{}{\overset{\overset{H}{|}}{N}}}-CH_2-COOH$

甘氨酰丙氨酸（甘丙二肽） 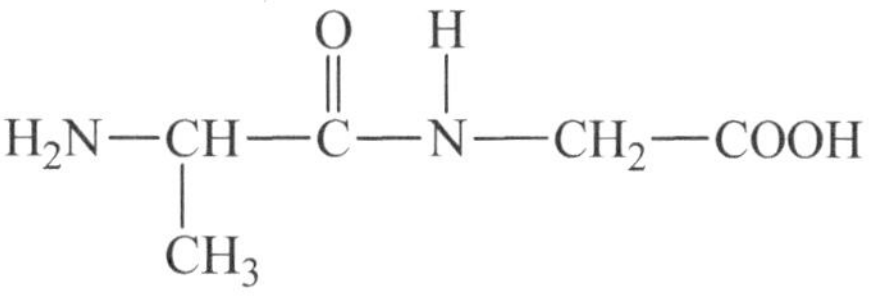　　　　丙氨酰甘氨酸（丙甘二肽）

由 3 种不同的氨基酸可产生 6 种不同的三肽，由 4 种不同的氨基酸则可以形成多达 24 种不同的四肽。由于氨基酸的结合和排列方式不同，因此由多种氨基酸按不同的排列顺序以肽键相互结合，可以形成许许多多不同的多肽链。

（六）氨基酸、羟基酸、酮酸的比较

取代羧酸	官能团	命名	与羧酸的关系	化学性质
氨基酸	羧基、氨基	氨基某酸	取代羧酸	两性、成肽反应
羟基酸	羧基、羟基	羟基某酸	取代羧酸	酸性、氧化反应
酮酸	羧基、酮基	某酮酸	取代羧酸	酸性、还原反应、脱羧反应

五、学习目标检测

（一）选择题

1. 把丙氨酸（pI = 6.0）的晶体溶于水，使溶液呈碱性，则下列粒子中存在最多的是（　　　）。

A. 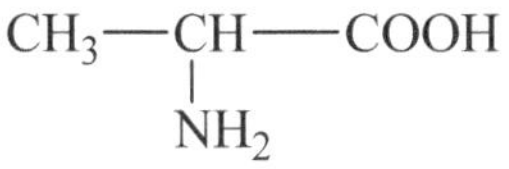 $CH_3-\underset{\underset{NH_2}{|}}{CH}-COOH$　　　　　　　　B. 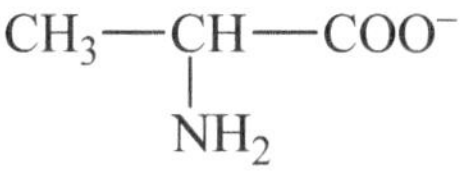 $CH_3-\underset{\underset{NH_2}{|}}{CH}-COO^-$

C. $CH_3-CH-COO^-$
　　　　　$|$
　　　　NH_3^+

D. $CH_3-CH-COOH$
　　　　　$|$
　　　　NH_3^+

2. 下列物质不能发生水解反应的是（　　）。

　　A. 纤维素　　　　B. 溴乙烷　　　　C. 氨基酸　　　　D. 乙酸乙酯

3. 人体必需氨基酸有（　　）。

　　A. 6 种　　　　B. 7 种　　　　C. 8 种　　　　D. 9 种

4. 属于味精的主要成分是（　　）。

　　A. 丙氨酸　　　　B. 苯丙氨酸　　　　C. 酪氨酸　　　　D. 谷氨酸

（二）填空题

1. 氨基酸是_____分子中烃基上的氢原子被_____取代后的产物。氨基酸分子中既有酸性基团_____，又有碱性基团_____，所以氨基酸具有_____。

2. 氨基酸以_____形式存在时溶液的 pH 称为该氨基酸的_____，用_____表示。

3. 组成人体蛋白质的氨基酸都是_____，其结构通式为_____。

第 2 节　蛋　白　质

一、学习目标导航

1. 掌握蛋白质的元素组成及主要化学性质。
2. 熟悉蛋白质的结构特点。

二、学习重点与难点

1. 本节学习重点是蛋白质的元素组成及主要化学性质。
2. 本节学习难点是蛋白质的主要化学性质和结构特点。

三、相关知识链接

蛋白质存在于所有的生物体内，是一切生命现象的物质基础。除了少数矿物性食品外，几乎所有的食品都或多或少含有蛋白质。

（一）蛋白质的营养与生理功能

1. 构成人体的细胞组织　人体的任何一个细胞、组织和器官都含有蛋白质，人体中除了水分，几乎一半以上是由蛋白质组成的。人体各组织的更新和修补都必须有蛋白质的参与，没有蛋白质，生命就不会存在。

2. 参加物质的代谢　酶是由生物细胞产生的、具有催化活性的特殊蛋白质。食物在人体内的消化吸收、血液循环、肌肉收缩、神经传导、感觉功能、遗传素质及记忆、识别等高级思维活动，都要有酶的参加。

3. 增强人体的抵抗力　机体内具有免疫作用的球蛋白，称为抗体。抗体能识别侵入人体的病原微生物和毒素，并与之结合，使病原微生物失去侵袭力，使毒素失去毒性作用。抗体是人体中具有重要保护作用的蛋白质。

4. 运载体内的代谢物质　人体吸入的氧气和呼出的二氧化碳是由血液中的血红蛋白来输送的。体内许多小分子、离子、脂类物质及药物等是依靠蛋白质转运的。

5. 肌肉的收缩与松弛　肌肉的收缩与松弛取决于肌肉中肌动蛋白和肌球蛋白的结合与分离，当两者结合为肌纤凝蛋白时，肌肉呈收缩状态；当肌纤凝蛋白分离为肌动蛋白与肌球蛋白时，肌肉呈松弛状态。

6. 激素的生理调节功能　激素可直接进入血液与淋巴液作用于全身，对促进人体发育、调节生理活动与物质代谢起决定性作用。例如，甲状腺分泌的甲状腺激素是含碘的氨基酸，分泌过多会引起饭量增大、身体消瘦、心跳加快、眼球突出等症状；分泌过少会造成生长迟缓、发育不良和智力低下等症状。

7. 遗传信息的控制　决定人类遗传的染色体主要成分是由蛋白质和核酸组成的核蛋白，传递信息的物质是脱氧核糖核酸（DNA），核蛋白根据 DNA 的指令把各种不同的氨基酸按照一定顺序和空间结构组合成新的蛋白质。

8. 结缔组织的特殊功能　人体中以胶原蛋白为主体的结缔组织，不仅是皮肤、肌腱、软骨、毛发、指甲的主要成分，而且广泛分布在细胞之间，对于保持器官组织的正常形态及润滑、防御疾病和毒素的入侵，促进创伤的愈合等具有重要的作用。

9. 提供人体的必需氨基酸　人体中的各种蛋白质由 20 种氨基酸按不同的组合构成的，其中有 8 种称为必需氨基酸，必须从食物中摄取。为人体提供全部必需氨基酸，是食物蛋白质一项极为重要的营养功能，食物蛋白质所含必需氨基酸的种类、含量、比例与蛋白质的营养价值有十分密切的关系。

（二）蛋白质营养价值的评价

食物中蛋白质的营养价值由蛋白质含量、消化率和利用率三方面共同决定。

1. 食物中蛋白质的含量　不同食品的蛋白质含量差别很大，肉类、蛋类、大豆的蛋白质含量较高，植物性食品蛋白质含量较低。

2. 蛋白质的消化率　食品中蛋白质的消化率是指该蛋白被消化的百分率。不同食品所含蛋白质的消化率不一样，动物蛋白高于植物性蛋白。

3. 蛋白质的利用率　食品中摄入的蛋白质在消化吸收后的必需氨基酸越接近人体需要的模式，其蛋白质的利用率越高。肉、蛋、乳等动物性蛋白质的必需氨基酸比较接近人体需要模式，植物性蛋白质的必需氨基酸与人体的需要相差很大。

四、教材内容精解

（一）蛋白质的元素组成和结构

1. 蛋白质的元素组成　由于组成蛋白质的基本单位是氨基酸，因此蛋白质主要含有的元素是碳、氢、氧、氮四种元素。大多数蛋白质含硫元素，有些蛋白质还含有磷、铁、碳、锰、锌及其他元素。

2. 蛋白质的结构　蛋白质的结构十分复杂，蛋白质的基本结构是一级结构，蛋白质的二级、三级、四级结构属于蛋白质的空间结构。主键是肽键，副键有氢键、离子键、二硫键、酯键等。组成蛋白质的 α-氨基酸只有 20 多种，但由于蛋白质中所含氨基酸的种类、数目不同，氨基酸排列的顺序和方式又是多种多样的，加上多肽链盘旋折叠的情况不一，所以自然界就存在着种类繁多的、具有各种特殊生理功能的蛋白质。

（二）蛋白质的性质

形成蛋白质多肽链的两端还存在着自由的氨基和羧基，因此蛋白质既具有两性又具有自身的特性。

1. 两性电离和等电点　蛋白质分子是两性电解质，在水溶液中可以发生酸式电离、碱式电离和两性电离。某蛋白质呈两性离子状态时溶液的 pH，称为该蛋白质的等电点（pI）。在等电点时，蛋白质最不稳定，溶解度最小，最容易从溶液中析出。蛋白质的渗透压、黏度等在等电点时也最小。不同的蛋白质其等电点不同，利用此特性可分离提纯部分蛋白质。

2. 蛋白质的水解　蛋白质在酸、碱溶液中加热或在酶的催化下，逐步水解，最终得到各种 α-氨基酸。从食物里摄入的蛋白质不能直接变成身体组成的一部分，它必须在消化道中经各种酶的催化而水解为各种氨基酸，氨基酸被肠壁吸收进入血液，然后在体内重新合成人体所需的各种蛋白质。

3. 蛋白质的盐析　在临床检验上，利用分段盐析可以测定球蛋白和血清白蛋白的含量，借以帮助诊断某些疾病。盐析所得的蛋白质，性质未变，加水可重新溶解，形成稳定的蛋白质溶液。因此，盐析是分离、提纯蛋白质常用的方法。

4. 蛋白质的变性　蛋白质的变性有许多实际应用。例如，医学上用煮沸、高温、高压和用酒精及其他化学药品进行消毒灭菌，是因为上述理化因素使细菌发生蛋白质变性而凝固死亡；用放射性同位素治疗癌肿，是利用放射线使癌细胞变性破坏；重金属盐中毒急救时，可先洗胃，然后让患者服用大量鸡蛋清、牛乳和豆浆等，是利用重金属盐与之结合生成不溶的变性蛋白质，以减少机体对重金属盐离子的吸收。在制备和存放血清、疫苗、激素等制剂时，则应避免其变性而失去生物活性。临床检验上利用蛋白质受热凝固沉淀的性质，检验尿液中的蛋白质。

5. 蛋白质的显色反应　蛋白质的显色反应可作为鉴别蛋白质及定量测定某些蛋白质的方法。

五、学习目标检测

（一）选择题

1. 维持蛋白质一级结构的主要化学键是（　　）。
   A. 肽键　　　　　B. 氢键　　　　　C. 酯键　　　　　D. 二硫键

2. 重金属盐中毒急救措施是给患者服用大量的（　　）。
   A. 生理盐水　　　B. 牛奶　　　　　C. 乙酸　　　　　D. 消毒酒精

3. 欲使蛋白质沉淀且不变性，宜选用（　　）。
   A. 有机溶剂　　　B. 重金属盐　　　C. 浓硫酸　　　　D. 硫酸铵

4. 临床上检验患者尿中蛋白质，利用蛋白质受热凝固的性质，这属于（　　）。
   A. 水解反应　　　B. 显色反应　　　C. 变性　　　　　D. 盐析

（二）填空题

1. 蛋白质主要是由_____、_____、_____、_____四种元素构成。

2. 蛋白质的一级结构为蛋白质分子中的 α-氨基酸的_____。

3. 能使蛋白质变性的物理因素主要有_____，化学因素主要有_____。

4. 由于蛋白质分子中含有自由的_____基和_____基，所以蛋白质具有两性。

（侯晓红）

化学实验基本知识

　　化学是在实验基础上发展形成的一门自然科学。同学们在实验中，能够亲眼目睹大量生动、有趣的化学实验现象，了解大量物质变化的事实，增强学习化学的兴趣。通过实验不但能验证和巩固所学的化学基本理论知识，加深对理论知识的理解，而且能掌握正确的化学实验基本操作方法和技能，知晓化学科学的探索之路。化学实验对培养独立观察问题、分析问题和解决问题的能力，对培养理论联系实际的学风和实事求是、严格认真、一丝不苟的科学态度，以及探讨问题的科学方法都有重要的意义。所以，教学中务必要重视和加强实验教学，不断提高实验的教学质量。

一、化学实验室规则

　　为了保证实验正常有序的进行，培养严谨的科学态度，收到良好的实验效果，实验时要严格遵守下列各项规则。

　　（一）实验室安全规则

　　化学实验室里所用的药品，很多是易燃、易爆、有腐蚀性或有毒的物质。因此，在使用时一定要严格按照有关规定和操作规程，确保安全。

　　（1）使用易燃、易爆试剂时，应远离火源和高温物体，防止灾害发生。

　　（2）产生有毒气体或有恶臭物质的各种实验，均应在通风橱中或通风处进行。

　　（3）加热试管内的液体时，要进行预热，液体体积一般不超过试管容积的 1/3。加热过程中，不可把试管口对着自己或他人，也不要俯视正在加热的液体，以防被溅出的液体伤害。

　　（4）凡需嗅气体的气味时，可用手扇闻，切忌用鼻直接对着容器口闻。

　　（5）易挥发的可燃性废液不得倒入废物缸中，应倒入水槽并立即用水冲走。

　　（6）若因汽油、苯、酒精等引起着火时，勿用水灭火，应立即用沙土或湿布覆盖。如果遇电器设备着火，应立即切断电源，用二氧化碳灭火器或四氯化碳灭火器灭火，禁止用水或泡沫灭火器灭火。

　　（7）如果酸（或碱）洒到实验台上，应立即用适量的碳酸氢钠溶液（或稀乙酸）冲洗，再用抹布擦干。若只是少量酸或碱溶液滴到实验台上，立即用湿抹布擦净，再用水冲洗抹布。

　　（8）稀释浓硫酸时，应将浓硫酸缓慢地注入水中，并不断搅拌。切勿将水注入浓硫酸中，以防引起局部过热，使酸液溅出，引起灼伤。若稀释大量浓硫酸时，应分次进行。

　　（9）若不慎将强酸沾到皮肤或衣物上，立即用较多的水冲洗，再用 3%～5%的碳酸氢钠溶液冲洗。若强碱溶液沾到皮肤上，要用较多的水冲洗，再用 2%乙酸液冲洗。万一眼睛里溅进了酸或碱溶液，要立即用水冲洗（切忌用手揉眼睛）。

　　（10）实验完毕，应洗净双手。离开实验室前，必须关好水、电、门、窗。

（二）实验规则

（1）实验课前，要认真复习教材的相关知识，明确实验目的与要求，了解实验器材和药品，熟悉实验内容、步骤、操作方法、有关原理和注意事项，谨记操作要领，做到成竹在胸。

（2）实验操作开始前，要先检查实验用品是否齐全，如有缺损，及时报告老师并予以补齐。实验台上的各种实验用品要有序摆放，便于取用。做实验前，应认真听取老师对本次实验的要点说明。若对试剂性质、仪器使用方法不明白，应请教老师或询问同学，否则不能开始实验，避免意外事故发生。

（3）实验过程中，务必严格按照实验教材规定的步骤和方法进行操作。如有创新，需改变实验步骤和方法，要在征得老师同意后，才可执行。

（4）应自觉遵守纪律，保持安静。做实验时要集中精力，用心操作，认真观察各种实验现象，积极思考，及时、如实地做好实验记录。

（5）需精心爱护公物和仪器设备，注意节约试剂和水电。实验室里的一切物品，决不能擅自拿出实验室。仪器若有损坏要报告老师，办理有关补领手续，并按规定赔偿。

（6）实验过程中，要注意保持实验台面和地面的整洁。实验完毕，应对实验室进行全面整理清扫，在老师的指导下，妥善处理污物和垃圾。

（7）实验完成后，要根据教材和老师的要求并综合分析原始记录，如实、认真地撰写实验报告。

（三）试剂使用规则

（1）取用试剂时，应看清瓶签上试剂的名称、规格和浓度，切忌用错。绝不允许将试剂随意混合，以免发生危险。

（2）试剂不得与手或皮肤接触；未经指导老师许可，不得品尝试剂的味道。

（3）试剂应按规定的量取用。若未规定用量，应以够用为原则。已取出的试剂不得倒回原瓶，应倒入老师指定的容器内。

（4）公用试剂用毕应放回原处，不准随意移动其位置。

（5）取用固体试剂时，要用清洁、干燥的药匙，用过的药匙须用干净的纸擦净后才可再次使用。试剂用后应立即盖好，以免盖错或被污染。

（6）液体试剂要用滴管或吸管取用，试剂瓶的瓶盖、滴管不可乱盖、乱插。滴管应保持垂直，不可倒立或平放。滴管不得触及容器壁。同一吸管在未洗净前，不得在不同的试剂瓶中吸取试剂。

（7）要求回收的试剂，应放入指定的回收容器里。

二、化学实验常用仪器简介

仪器名称与图形	主要用途	使用方法及注意事项
托盘天平 	用于称量药品的质量	药品不可直接放在托盘内，左物右码，一般精确至0.1g。详见实验1

续表

仪器名称与图形	主要用途	使用方法及注意事项
容量瓶	用于准确配制一定浓度、一定体积的溶液	（1）溶质先在烧杯内溶解，然后移入容量瓶； （2）不能加热，不能用毛刷刷洗，不宜存放溶液，要在所标识的温度下使用； （3）不能作反应器，瓶塞不可互换，不能放在烘箱内烘干； （4）颈上有标线，表示在所指温度下液体凹液面与容量瓶颈部的标线相切时，溶液体积恰好与瓶上标注的体积相等
酸式滴定管　碱式滴定管	（1）用于中和滴定（也可用作其他滴定）； （2）准确量取液体的体积	（1）用前洗净，装液前用预装溶液淋洗3次； （2）酸式管滴定时，用左手开启旋塞；碱式管用左手轻捏橡皮管内玻璃珠，溶液即可放出； （3）酸式管装酸液，碱式管装碱液，不能对调； （4）用后应立即洗净，不能加热及量取热的液体，不能用毛刷刷内壁
吸量管、移液管	（1）用于准确移取一定体积的液体； （2）吸量管刻有刻度，又称刻度吸管；移液管中间膨大，只有一个标线，又称肚形吸管	（1）用时先用少量所移取液淋洗3次（每次2～3mL）； （2）吸管用后立即清洗干净，置于吸管架（板）上备用，以免沾污； （3）有精确刻度的量器不能放在烘箱中烘干，不能加热； （4）一般吸管残留的最后一滴液体不要吹出，但管上标有"吹"字的要吹出
酒精灯	用作热源，产生的火焰温度为500～600℃	（1）用前先检查灯芯棉线长度，若长度不够，要更换新的；若烧焦变黑，要剪去，再用镊子调整灯芯的高度； （2）灯内乙醇量应占容积的1/4～2/3，可通过小漏斗添加乙醇； （3）用火柴点燃，禁止双灯对点，禁止向燃着的酒精灯内添加乙醇； （4）酒精灯火焰分为外焰、内焰、焰心三部分。外焰燃烧充分，温度最高；内焰燃烧不充分，温度较低；焰心是未燃的乙醇蒸气，温度最低；加热时要用外焰； （5）不用时，用灯帽盖灭，禁止用嘴吹灭

续表

仪器名称与图形	主要用途	使用方法及注意事项
酒精喷灯	用作热源，产生的火焰温度高达 1000℃ 左右	需要强热的实验用此加热，如煤的干馏、炭还原氧化铜等
药匙	取用固体药品	(1) 取用一种药品后，必须洗净擦干后才能取另一种药品，取量大时用大端，取量小时用小端； (2) 不能取灼热的药品； (3) 保持清洁、干燥
研钵	(1) 研细固体物质； (2) 混合固体物质	(1) 放入量不能超过容积的 1/3； (2) 易爆、易燃物不能研磨，只能轻轻压碎，不能将易爆物混合研磨； (3) 大块固体只能压碎、挤压，不能敲击； (4) 不能加热，不能作反应器
石棉网	加热玻璃仪器等时使用，使其受热均匀	(1) 用前检查石棉网是否完好，石棉脱落的不能使用，根据需要选用适当大小的石棉网； (2) 不能卷折，不能与水接触，以免石棉脱落和铁丝锈蚀
漏斗、漏斗架	(1) 过滤使用； (2) 引导溶液入小口径容器中； (3) 漏斗架用于放置漏斗	(1) 漏斗不能加热； (2) 过滤前要洗净漏斗，漏斗架应无尘； (3) 过滤时，漏斗颈尖端必须紧靠承接滤液的容器壁
试管夹	试管加热时，夹持试管	(1) 加热时，夹住距管口约 1/3 处； (2) 要从试管底部套上或取下试管夹，不能把拇指按在夹的活动部分，手握试管夹的长把柄； (3) 要防止烧损和锈蚀
试管刷	洗刷试管等玻璃仪器	(1) 用前检查顶部竖毛是否完整； (2) 刷时不能用力过大，以免试管刷顶部戳破试管
点滴板	(1) 按凹穴多少分为四穴、六穴、十二穴等； (2) 用作同时进行多个不需分离的少量沉淀和颜色反应，进行点滴反应，观察沉淀和颜色变化	(1) 一般用白色点滴板； (2) 有白色沉淀的用黑色点滴板； (3) 试剂量一般为 2～3 滴； (4) 不能加热，不能用于含氢氟酸溶液和浓碱液的反应

仪器名称与图形	主要用途	使用方法及注意事项
铁架台、铁夹、铁圈 铁夹 铁圈 铁架台	（1）用于固定反应容器； （2）用于支持仪器； （3）铁圈可代替漏斗架用于过滤	（1）先将铁夹、铁圈的距离和高度调好，并旋紧螺丝，使之牢固后再实验； （2）不可用铁夹或铁圈敲打其他硬物，以免折断； （3）在铁夹上夹持玻璃器具时，要在夹与玻璃器具间垫纸和布，不宜夹得过紧，以免夹碎
玻璃棒	实验时用于搅拌、引流或蘸取试液	（1）搅拌时切勿碰击器壁，以免碰破容器； （2）要注意随时洗涤、擦净，以免沾污试液
试管	（1）盛放少量试剂； （2）进行简单的、少量物质间的化学反应； （3）制取或收集少量气体	（1）可直接用火加热，加热前试管外壁要擦干，用试管夹（或铁夹）夹持在试管全长 1/4～1/3 的近口处； （2）加热固体时，管口略向下倾斜，先均匀加热，后固定部位加热； （3）加热液体时，管口不能对人，试管与桌面成 45°，所盛液体体积不超过试管总容量的 1/3； （4）拿取试管时要用中指、食指、拇指捏住其上部，振荡应使试管下部左右摆动； （5）加热后不能骤冷（以免炸裂），将其放在试管架上
烧杯	（1）用作溶解、配制、浓缩、稀释溶液； （2）接收滤液； （3）进行较大量物质间的化学反应； （4）加热较大量的液体；用作给试管水浴加热的盛水器	（1）不可直接用火加热，需垫石棉网，使受热均匀； （2）加热前揩干烧杯底部的水滴； （3）反应液体不能超过烧杯容积的 2/3
蒸发皿	（1）反应容器； （2）灼烧固体，焙干物质； （3）溶液的蒸发、浓缩、结晶	（1）可放在铁圈等上直接加热，蒸发溶液时可垫上石棉网； （2）盛液量应少于容积的 2/3，加热后不能骤冷； （3）加热时应不断搅拌，加快蒸发； （4）快蒸干时，降温或停止加热，利用余热蒸干
烧瓶	（1）用作试剂量较大的加热反应； （2）装配气体发生装置； （3）圆底烧瓶常用作加热条件下的反应器，耐压大； （4）平底烧瓶常用于不需加热的反应器，耐压小； （5）锥形烧瓶振荡方便，常用于滴定	（1）烧瓶加热需垫石棉网，并固定在铁架台上； （2）盛放液体量不超过容积的 1/2，也不能太少； （3）平底烧瓶不适于长时间加热
表面皿	（1）用来盖在蒸发皿、烧杯、漏斗等容器上，以免液体溅出或灰尘落入； （2）作为称量试剂的容器； （3）用作极少量药品的反应	（1）不能用火直接加热； （2）作盖用，其直径应略大于被盖容器口； （3）用作称量时，应洗净烘干
滴瓶	（1）用于分装各种液体试剂； （2）分为白色和棕色两种，需要避光保存时用棕色瓶	（1）不能加热； （2）滴管与滴瓶应配套，用后滴管要插入原滴瓶； （3）取用试剂时，滴管要保持垂直； （4）不能长时间存放碱液，以免滴管与瓶颈发生反应而黏结

续表

仪器名称与图形	主要用途	使用方法及注意事项
滴管 	（1）吸取或滴加少量（数滴或 1～2mL）液体； （2）吸取沉淀上部的清液	（1）必须专用，不可一支多用，保持滴管清洁； （2）溶液不得吸进橡皮头； （3）滴加时不要与其他容器器壁接触，滴管要自然下垂
试剂瓶 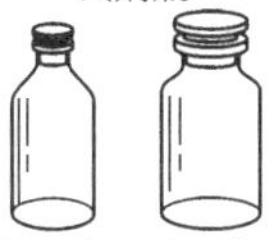 细口瓶　广口瓶	（1）广口瓶用于盛放固体试剂；容量较大的广口瓶常用于储存大量液体试剂； （2）细口瓶用于盛放液体试剂和溶液	（1）不能加热； （2）取用试剂，瓶盖应倒放在桌子上，不能弄脏、互换； （3）不能用作反应容器； （4）盛放碱液用橡皮塞，防止瓶塞被腐蚀黏牢； （5）不用时应洗净并在磨口塞与瓶颈间垫上纸条； （6）有色瓶用于盛放见光易分解或不太稳定的物质
集气瓶 	（1）用于收集和储存少量气体； （2）用于气体燃烧实验	（1）上口为平面磨砂，内侧不磨砂，玻璃片要涂凡士林，以免漏气； （2）进行燃烧实验且有固体生成时，应在瓶底放少量沙子或水
坩埚 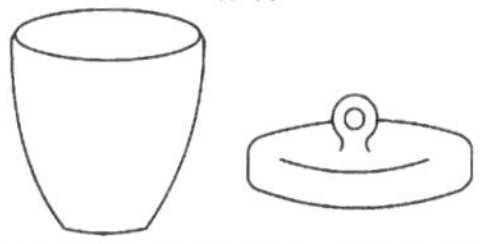	用于灼烧固体，使其反应	（1）可直接加热至高温，灼烧时放在泥三角上； （2）用坩埚钳夹取，应避免骤冷
量筒 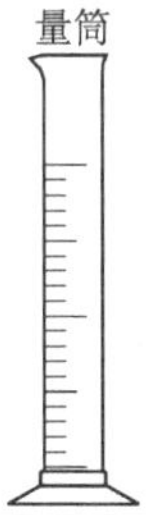	用于较粗略地量取一定体积的液体	（1）不能作为反应容器，不能加热，不可量热的液体； （2）读数时应将视线与液体弯月面最低处持平

（丁宏伟）

化学实验基本操作

【实验目标】

1. 熟悉并自觉遵守化学实验的各项规则。
2. 进行药品取用的操作，学会试管、烧杯等玻璃仪器的洗涤、干燥方法。
3. 学会使用托盘天平、量筒、研钵、漏斗等仪器进行称量、研磨、溶解、搅拌、加热、蒸发、过滤等实验操作。
4. 初步形成正确使用化学仪器的习惯，养成爱护公物、严谨求实的科学作风。

【实验准备】

1. 仪器：试管、烧杯、漏斗、量筒、滴管、试管夹、试管刷、试管架、托盘天平及砝码、研钵、铁架台、酒精灯、滤纸、药匙、玻璃棒、蒸发皿、石棉网。
2. 试剂：粗食盐、蒸馏水、去污粉、铬酸洗液。

【实验学时】

2 学时。

【实验方法与结果】

1. 药品的取用

（1）固体药品的取用：取用粉末状或小颗粒的药品，要用干净的药匙，药匙的两端分别为大、小药匙。取固体药品，量大时用大匙，量小时用小匙。有些块状的药品（如石灰石、金属固体等），可用干净的镊子夹取。用过的药匙或镊子要立刻用干净的纸擦干净，以备下次使用。

向试管里装入固体粉末时，为防止药品沾在试管口和管壁上，要先使试管倾斜或平放，把盛有药品的药匙（或用小纸条折叠成的纸槽）小心地送到试管底部，然后把试管缓慢竖起来，使药品全部落到试管底部（实验图 1）。

实验图 1　向试管里送入固体粉末

将块状的药品放入试管、烧杯等玻璃仪器时，应先把容器平放，将块状药品放进容器后，再把容器缓慢竖起来，使其慢慢滑向底部，以免撞破玻璃容器。

（2）液体药品的取用：滴管是用来吸取和滴加少量试剂的仪器。使用滴管时，用手指捏紧橡胶乳头，赶出滴管内的空气，再把滴管伸入试剂瓶中，放开手指，试剂即被吸入，取出滴管，向试管或烧杯等玻璃容器中加试剂时，要悬空，不能接触器壁（以免沾污滴管造成试剂污染），然后轻压橡胶乳头，试剂便可滴入容器。取液后的滴管，要保持橡胶乳头朝上插入滴管，不能平放或倒置，否则试液倒流会腐蚀橡胶乳头（实验图 2）。

量筒是用于粗略地量取一定体积液体常用的有刻度量器，可根据实验需要选用不同规格的量筒。

使用量筒量取液体时，量筒必须放平，用左手持量筒，并以大拇指指示所量体积的刻度处，右手持试剂瓶（瓶签对准手心处），瓶口紧挨着量筒口的边缘，慢慢注入液体到所指刻度。读取刻度时，量筒需放平稳，视线应与量筒内液体凹液面的最低处保持在一个水平面上（实验图 3）。若量筒内液体少许过量或不足时，可改用胶头滴管移弃或添加。

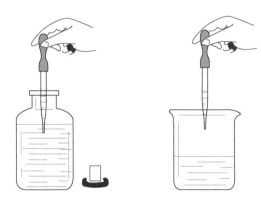 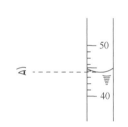

实验图 2　用滴管滴加试剂　　　　　　实验图 3　视线与量筒的关系

2. 托盘天平的使用

托盘天平又称粗天平，它由托盘、指针、标尺、调节零点的平衡螺母、游码、分度盘等组成，是常用的称量器具，用于精确度要求不高的称量，一般能称准到 0.1g。托盘天平附有一套砝码，放在砝码盒内。砝码的总质量等于天平的最大载质量。砝码须用镊子夹取。托盘天平的使用方法及步骤如下。

（1）称量前：称量前先将天平放平，把游码放在标尺的零刻度处，检查天平是否平衡。如果平衡，指针恰指零点或左右摆动格数相等。如果天平未达平衡，可调节左边或右边的平衡螺母，使其平衡。

（2）称量中：称量时不可直接将药品放在天平盘内，可在两盘内放等重的纸片或用已称过质量的小烧杯盛放药品。称量物放左盘，砝码放右盘（左物右码）。如果要称取一定质量的药品，应先在右盘放置固定的砝码，在左盘增或减药品，直至天平平衡。加减砝码要用镊子夹取，应先加质量大的砝码，后加质量小的砝码。若天平附有游码时，游码标尺上每一大格表示 1g，称少量药品时可直接用游码（实验图 4）。

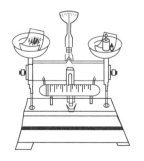

实验图 4　托盘天平

（3）称量后：称量完毕，应把砝码放回砝码盒中，把游码移回零处，并将天平两盘重叠放在左边或右边，以免天平摆动磨损刀口。

3. 食盐的提纯

（1）研磨：取约 10g 粗食盐放入研钵中，研成粉末状。

（2）称量：用托盘天平称取已研成粉末状的粗食盐 5g。

（3）溶解：把称量好的粗食盐粉末放入小烧杯中，加蒸馏水约 20mL，搅拌使其全部溶解。

（4）过滤：根据漏斗大小取一张圆形滤纸，对折两次，打开呈圆锥形，把滤纸尖端朝下放进漏斗，滤纸的边缘要比漏斗口稍低，用水使滤纸湿润，使其紧贴在漏斗壁上，中间不要有气泡（实验图 5）。

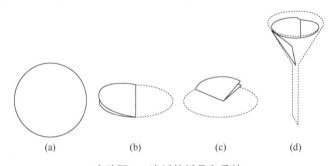

(a)   (b)   (c)   (d)

实验图 5   滤纸的折叠和叠放

实验图 6   过滤

把漏斗固定在铁架台的铁圈上，另取一干净烧杯放在漏斗下方接收滤液，调整漏斗高度，使下端的管口紧贴烧杯内壁。将粗食盐溶液沿玻璃棒缓慢倾入漏斗内进行过滤，倾倒时液面要始终低于滤纸的边缘，玻璃棒下端要朝向滤纸的重叠层。先倾入上面清液，后倒入沉渣，如滤液仍浑浊，应把滤液再过滤一次，直到滤液澄清（实验图 6）。

（5）蒸发：把澄清的滤液倒入干净的蒸发皿内，放在铁架台的铁圈上，用酒精灯加热蒸发。在加热过程中，用玻璃棒不断搅动，防止局部过热，造成液滴飞溅。蒸发皿内固体即将干涸时再用漏斗将蒸发皿罩住，并继续加热，直到水全部蒸发。将制得的白色精制食盐冷却后称量，同时计算食盐的提纯率。

$$提纯率 = \frac{精盐的质量(g)}{粗盐的质量(g)} \times 100\%$$

4. 玻璃仪器的洗涤和干燥

为了使实验结果正确，化学实验所用的玻璃仪器（如试管、烧杯、量筒和漏斗等）都应该是洁净的。玻璃仪器的干净程度直接影响实验结果准确与否。不同的化学实验对仪器的洁净程度有不同的要求。实验完毕应把用过的玻璃仪器洗净放置，以备下次使用。因此，要掌握玻璃仪器的洗涤和干燥方法。

（1）洗涤方法：一般玻璃仪器可用自来水冲洗，再用试管刷刷洗。刷洗时，将试管刷在器皿内上下刷或左右旋转刷，然后用自来水冲洗，再用少量蒸馏水淋洗 2～3 次。要注意不能用秃顶试管刷，也不能用力过猛，以免戳破仪器。若用水洗不干净，可用毛刷蘸少量去污粉或洗衣粉刷洗，然后用自来水、蒸馏水分别冲洗，洗涤时应遵循"少量多次"的原则。玻璃仪器刷洗干净的标准是液体流过玻璃表面后，内壁上只附着一层均匀的水膜，不应有水珠存在。

如果仪器污染较重，用上述方法仍洗不干净时，可用铬酸洗液（重铬酸钾的浓硫酸溶液）洗涤。将少量洗液倒入器皿里，转动器皿使其内壁充分被洗液湿润（或用洗液浸泡器皿），然后将洗液倒回原处，再把洗液洗过的器皿依次用自来水、蒸馏水冲洗干净。

铬酸洗液的清洁效果很好，但腐蚀性很强且有毒，使用时应十分小心，切勿溅在皮肤或衣物上。洗液可重复使用，新配制的洗液为橙褐色，经多次使用后直至变成绿色才失效。

（2）干燥方法：玻璃仪器的干燥常用晾干和烘干两种方法。洗净后不急用的玻璃仪器倒置在实验柜内或仪器架上自然晾干。洗净后急用的仪器，在倒尽水分后放入电烘箱或红外干燥箱内烘干。常用的烧杯、蒸发皿等可置于石棉网上用小火烘干；试管可将管口朝下直接用火烤干，烤时应不断来回移动试管，直至不见水珠后，将管口朝上除尽水蒸气。量筒等带刻度的仪器不能用高温烘烤，可用电吹风迅速干燥。

【实验评价】

1. 使用量筒量取液体时要注意哪些事项？
2. 在进行过滤和蒸发时应注意哪几点？
3. 玻璃仪器怎样才算洗涤洁净？

（侯晓红 丁宏伟）

实验 2

卤　素

【实验目标】

1. 观察氯水、溴水、碘水的颜色和气味，并用正确的方法嗅气味。
2. 学会用漂白粉进行漂白的实验操作。
3. 熟练地进行氯、溴、碘之间置换反应的实验操作。
4. 熟练地进行 Cl⁻、Br⁻、I⁻鉴别反应的实验操作。
5. 进行碘与淀粉反应的实验操作。

【实验准备】

1. 仪器：试管、试管夹、试管架、酒精灯、火柴、有色纸片。
2. 试剂：氯水、溴水、碘水、0.1mol/L NaCl 溶液、0.1mol/L NaBr 溶液、0.1mol/L KI 溶液、0.1mol/L AgNO₃ 溶液、4g/L 淀粉溶液、2mol/L 盐酸、漂白粉精片、四氯化碳、2mol/L 硝酸。

【实验学时】

2 学时。

【实验方法与结果】

1. 观察氯水、溴水、碘水的颜色，并嗅气味

认真观察氯水、溴水、碘水的颜色。将盛有氯水的试剂瓶打开，小心地扇闻氯气的气味。用同样的操作方法嗅闻溴水、碘水的气味。

2. 漂白粉的漂白作用

取试管 1 支，加入 1 片漂白粉精片，滴入 5 滴 2mol/L 盐酸，在试管中插入 1 条有色纸条，观察纸条颜色变化。思考并说明漂白粉的漂白作用原理，写出有关的化学方程式。

3. 氯、溴、碘之间的置换反应

（1）取 3 支试管，分别加入 0.1mol/L NaCl 溶液、0.1mol/L NaBr 溶液、0.1mol/L KI 溶液 2mL，各滴入 10 滴氯水，观察溶液颜色变化。再在上述 3 支试管中各滴入 5 滴四氯化碳，振荡，静置片刻后观察四氯化碳层和水层的颜色变化，解释实验现象，写出有关的化学方程式。

（2）取 2 支试管，分别加入 0.1mol/L KI 溶液各 2mL，各滴入 3 滴 4g/L 淀粉溶液，观察溶液颜色是否有变化。在第 1 支试管中滴入 10 滴氯水，在第 2 支试管中滴入 10 滴溴水，溶液颜色是否有变化？解释实验现象，写出有关的化学方程式。

4. Cl⁻、Br⁻、I⁻的鉴别

取 3 支试管，分别加入 0.1mol/L NaCl 溶液、0.1mol/L NaBr 溶液、0.1mol/L KI 溶液 2mL，向 3 支试管中各加入 3 滴 0.1mol/L AgNO₃溶液，观察实验现象。再在上述试管中各滴入 5 滴 2mol/L 硝酸，观察沉淀是否溶解。写出有关的化学方程式。

5. 碘与淀粉的反应

取 2 支试管，分别滴入 2 滴 4g/L 的淀粉溶液，向一支试管中加入 1mL 碘水，向另一支试管中加入 1mL 0.1mol/L KI 溶液，观察现象，解释实验现象，并写出有关的化学方程式。

【实验评价】

1. 试述鉴别 Cl⁻、Br⁻、I⁻的两种方法。

2. 淀粉遇碘显色是鉴定碘存在的一种方法，用此法也可鉴定碘化钾中的碘离子吗？若在淀粉碘化钾溶液中加入氯水，有什么现象？说明原因。

（丁宏伟）

同周期、同主族元素性质的递变

【实验目标】

1. 学会进行钠、镁、铝金属活动性比较和氯、硫非金属活动性比较的实验操作，掌握同周期元素性质递变的规律。

2. 学会进行钾、钠金属活动性比较和氯、溴、碘非金属活动性比较实验操作，掌握同主族元素性质的递变规律。

3. 提高观察问题和分析问题的能力，培养实事求是的科学态度。

【实验准备】

1. 仪器：试管、试管夹、试管架、量筒、小烧杯、镊子、胶头滴管、酒精灯、点滴板、滤纸、砂纸、玻璃片、小刀、火柴。

2. 试剂：钠、钾、镁条、铝片、氯水（新制的）、溴水、2mol/L NaOH 溶液、3mol/L 硫酸溶液、NaCl 溶液、NaBr 溶液、2mol/L MgCl₂ 溶液、2mol/L AlCl₃ 溶液、0.2mol/L Na₂S 溶液、1mol/L 盐酸、酚酞试液。

【实验学时】

2 学时。

【实验方法与结果】

1. 同周期元素性质的递变

（1）取 1 个小烧杯，注入 40mL 水，用镊子取绿豆大小金属钠 1 块，用滤纸吸干表面的煤油，放入烧杯中，观察现象。向反应后的溶液中加入 3 滴酚酞试液，观察颜色变化。

（2）取 2 小段镁条，用砂纸擦去表面的氧化膜，放入试管中。向试管中加入 3mL 水，并滴入 3 滴酚酞试液，观察现象。然后，加热试管至溶液沸腾，观察现象。

（3）取 1 小段镁条和 1 小块铝片，用砂纸擦去表面的氧化膜，分别放入两支试管中，再各加 2mL 1mol/L 盐酸，观察现象。

（4）取 2 支试管，分别加入 2mL 2mol/L MgCl₂ 溶液和 2mL 2mol/L AlCl₃ 溶液，然后各滴入 6 滴 2mol/L NaOH 溶液，观察现象。将 AlCl₃ 溶液中产生的 Al(OH)₃ 沉淀分盛在两支试管中，然后分别加入 6 滴 3mol/L H₂SO₄ 溶液和 6 滴 2mol/L NaOH 溶液，观察现象。

（5）取 1 支试管，加入 3mL 0.2mol/L Na₂S 溶液，再滴加氯水数滴，观察现象。

解释以上实验现象，比较钠、镁、铝的金属活动性和氯、硫的非金属活动性，并写出有关的化学方程式。

2. 同主族元素性质的递变

（1）取 1 个小烧杯，注入 40mL 水，用镊子取绿豆大小金属钾 1 块，用滤纸吸干表面的煤油，放入烧杯中，观察反应发生的剧烈程度并与金属钠跟水反应的程度进行比较。向反应后的溶液中加入 3 滴酚酞试液，观察颜色变化。

（2）取 3 支试管，分别加入少量氯化钠、溴化钠、碘化钾晶体，加适量蒸馏水使其溶解。然后分别加入新制的氯水 1mL，观察现象。

（3）取 3 支试管，分别加入少量氯化钠、溴化钠、碘化钾晶体，加适量蒸馏水使其溶解。然后分别加入溴水 1mL，观察现象。

解释以上实验现象，比较钠、钾的金属活动性和氯、溴、碘的非金属活动性，并写出有关的化学方程式。

【实验评价】

1. 为什么金属钠、钾必须保存在煤油中？取用金属钠、钾时，为什么要用镊子夹取而不能用手直接拿？

2. 镁条、铝片在反应前为什么要用砂纸擦去表面的氧化膜？

3. 实验中所用的氯水为什么需要新制的？

4. 通过比较钠、镁、铝金属活动性及氯、硫非金属活动性，可得出同周期元素金属性和非金属性有什么递变规律？

5. 通过比较钾、钠金属活动性及氯、溴、碘非金属活动性，可得出同主族元素金属性和非金属性有什么递变规律？

（丁宏伟）

溶液的配制和稀释

【实验目标】

1. 熟悉有关溶液浓度的计算。
2. 初步学会吸量管和容量瓶的使用方法。
3. 学会进行质量浓度、物质的量浓度溶液的配制和溶液稀释的实验操作。掌握主要的操作步骤。
4. 养成严谨求实的学习态度。

【实验准备】

1. 仪器：托盘天平及砝码、100mL 量筒、药匙、50mL 烧杯、玻璃棒、100mL 容量瓶、250mL 容量瓶、10mL 吸量管、洗耳球、胶头滴管。
2. 试剂：氯化钠晶体、浓盐酸、2mol/L 乳酸钠溶液、95%乙醇、蒸馏水。

【实验学时】

2 学时。

【实验方法与结果】

1. 溶液的配制

（1）质量浓度溶液的配制：配制 9g/L NaCl 溶液 250mL。

①计算：计算配制 9g/L NaCl 溶液 250mL 所需 NaCl 的质量_____g。

②称量：用托盘天平称取所需 NaCl 的质量，放入 50mL 烧杯中。

③溶解：用量筒量取 30mL 蒸馏水倒入烧杯中，用玻璃棒不断搅拌使 NaCl 完全溶解。

④转移：用玻璃棒将烧杯中的 NaCl 溶液引流至 250mL 容量瓶中，然后用少量蒸馏水洗涤烧杯 2~3 次，每次的洗涤液都注入容量瓶中。

⑤定容：向容量瓶中继续加入蒸馏水，当加到离标线 2~3cm 处时，改用胶头滴管滴加蒸馏水至溶液凹液面最低处与标线相切。盖好瓶塞，将容量瓶倒转摇动数次使溶液混匀。

把配制好的溶液倒入指定的回收瓶内（或将配好的溶液倒入配有橡皮塞的试剂瓶中，贴上标签，标上试剂名称、浓度，备用）（实验图 7）。

（2）物质的量浓度溶液的配制：用浓盐酸配制 1mol/L 盐酸 100mL。

①计算：计算配制 1mol/L 盐酸 100mL 需要密度为 1.19kg/L、质量分数为 37%（或 0.37）的浓盐酸的体积_____mL。

②移取：用 10mL 吸量管吸取所需浓盐酸体积后移至 100mL 容量瓶中。

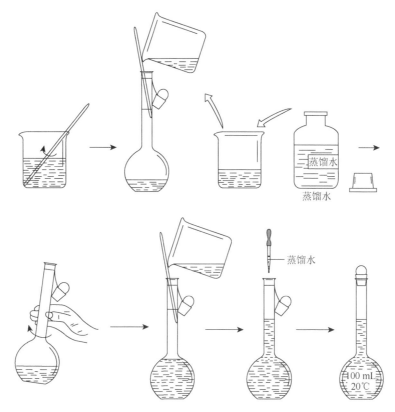

实验图 7　用容量瓶配制溶液

③定容：向容量瓶中加入蒸馏水，当加到离标线 2～3cm 处时，改用胶头滴管滴加蒸馏水至溶液凹液面最低处与标线相切（平视）。盖好瓶塞，将容量瓶倒转摇动数次使溶液混匀。

把配制好的溶液倒入指定的回收瓶内（或将配好的溶液倒入配有橡皮塞的试剂瓶中，贴上标签，标上试剂名称、浓度，备用）。

2. 溶液的稀释

（1）将 2mol/L 乳酸钠溶液稀释为 $\frac{1}{6}$ mol/L 乳酸钠溶液 100mL。

①计算：计算配制 $\frac{1}{6}$ mol/L 乳酸钠溶液 100mL 所需 2mol/L 的乳酸钠溶液的体积____mL。

②移取：用 10mL 吸量管吸取所需的 1mol/L 乳酸钠溶液的体积，同时移至 100mL 容量瓶中。

③定容：向容量瓶中加入蒸馏水，当加到离标线 2～3cm 处时，改用胶头滴管滴加蒸馏水至溶液凹液面最低处与标线相切（平视）。盖好瓶塞，将容量瓶倒转摇动数次使溶液混匀。

把配制好的溶液倒入指定的容器内（或将配好的溶液倒入配有橡皮塞的试剂瓶中，贴上标签，标上试剂名称、浓度，备用）。

（2）将体积分数 $\varphi = 0.95$ 的市售酒精稀释为体积分数 $\varphi = 0.75$ 的消毒酒精 95mL。

①计算：计算配制 $\varphi = 0.75$ 的消毒酒精 95mL 需用 $\varphi = 0.95$ 的酒精的体积_____mL。

②量取：用 100mL 量筒量取所需 $\varphi = 0.95$ 的酒精的体积。

③定容：向量筒中加蒸馏水稀释至离 95mL 刻度线 2～3cm 时，改用胶头滴管滴加蒸馏水至溶液凹液面最低处与 95mL 刻度线相切（平视）。用玻璃棒搅匀即可。

把配制好的溶液倒入指定的容器内（或将配好的溶液倒入配有橡皮塞的试剂瓶中，贴上标签，标上试剂名称、浓度，备用）。

【实验评价】

1. 配制 9g/L NaCl 溶液时，为什么每次用少量蒸馏水洗涤烧杯的洗涤液都要注入容量瓶中？

2. 读取刻度时，为什么视线要与液体的凹液面最低处保持在同一水平面上？若俯视或仰视分别会产生怎样的误差？

（丁宏伟）

化学反应速率与化学平衡

【实验目标】

1. 学会进行改变反应条件（浓度、温度和催化剂）对化学反应速率影响的实验操作。
2. 学会进行改变反应条件（浓度和温度）对化学平衡影响的实验操作。
3. 养成严谨细致的学风。

【实验准备】

1. 仪器：烧杯、试管、试管夹、试管架、滴管、量筒、酒精灯、铁架台、火柴、石棉网、温度计、秒表、装有 NO_2 和 NO 混合气体的平衡装置、玻璃棒。

2. 试剂：0.1mol/L $Na_2S_2O_3$ 溶液、0.1mol/L H_2SO_4 溶液、3% H_2O_2 溶液、0.1mol/L $FeCl_3$ 溶液、0.1mol/L KSCN 溶液、MnO_2 粉末、冷水、热水。

【实验学时】

2 学时。

【实验方法与结果】

1. 影响化学反应速率的因素

（1）浓度对化学反应速率的影响：取 3 支试管，编号为 1、2、3 号，按照下表从左到右的顺序，把各物质分别加到 3 支试管中，并准确记录出现浑浊的时间。

编号	0.1mol/L $Na_2S_2O_3$ 溶液	蒸馏水	0.1mol/L H_2SO_4 溶液	出现浑浊的时间
1	1mL	3mL	2mL	
2	2mL	2mL	2mL	
3	4mL	0mL	2mL	

说明实验原理，写出 $Na_2S_2O_3$ 与 H_2SO_4 反应的化学方程式。

（2）温度对化学反应速率的影响：在两只烧杯中分别盛温水和热水半杯。取 3 支试管，编号为 1、2、3 号，各加入 2mL 0.1mol/L $Na_2S_2O_3$ 溶液和 2mL 0.1mol/L H_2SO_4 溶液。将试管 1 放在室温下，试管 2 放在温水中，试管 3 放在热水中，并准确记录出现浑浊的时间。

编号	0.1mol/L $Na_2S_2O_3$ 溶液	0.1mol/L H_2SO_4 溶液	温度	出现浑浊的时间
1	2mL	2mL	室温	
2	2mL	2mL	温水	
3	2mL	2mL	热水	

（3）催化剂对化学反应速率的影响：取 2 支试管，分别加入 2mL 3% H_2O_2 溶液，室温下，在其中 1 支试管中加入少量的 MnO_2 粉末。观察气体产生的先后顺序，用带火星的火柴放在 2 支试管口检验生成的气体。比较 H_2O_2 的分解速率，说明实验原理，写出 H_2O_2 分解的化学方程式。

2. 影响化学平衡的因素

（1）浓度对化学平衡的影响：在盛有 10mL 蒸馏水的小烧杯中加入 0.1mol/L $FeCl_3$ 溶液和 0.1mol/L KSCN 溶液各 1mL，混匀，观察溶液的颜色。

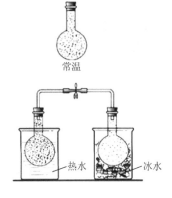

常温

热水　　冰水

实验图 8　NO_2 与 N_2O_4 的相互转化

将上述混匀后的溶液等量分装入 3 支试管，编号为 1、2、3 号。

在 1 号试管中滴入 2 滴 $FeCl_3$ 溶液，在 2 号试管中滴入 2 滴 KSCN 溶液，观察溶液的颜色变化，并与 3 号试管进行对比。解释颜色变化的原因。

（2）温度对化学平衡的影响：把 NO_2 和 N_2O_4 的混合气体盛在两个连通的烧瓶里，然后用夹子夹住橡皮管，把一个烧瓶放进热水里，把另一个烧瓶放进冰水（或冷水）里，如实验图 8 所示。观察混合气体的颜色变化，并与常温时盛有相同混合气体的烧瓶中的颜色进行对比。解释颜色变化的原因。

【实验评价】

1. 增大或减小反应物的浓度，化学反应速率怎样变化？

2. 升高或降低温度，化学反应速率怎样变化？

3. 催化剂对化学反应速率有什么影响？

4. 反应物浓度的大小、温度的升降对化学平衡的移动有什么影响？

（丁宏伟）

电解质溶液

【实验目标】

1. 学会用实验区别强电解质和弱电解质。
2. 能进行离子反应、同离子效应、盐类水解、缓冲溶液的实验操作。
3. 掌握酸碱指示剂及 pH 试纸测定溶液酸碱性的方法。
4. 养成严谨细致的学风。

【实验准备】

1. 仪器：试管、白色点滴板、量筒、试管架。
2. 试剂：广泛 pH 试纸、1mol/L HCl 溶液、1mol/L CH_3COOH 溶液、0.5mol/L 盐酸、0.5mol/L NaCl 溶液、0.1mol/L $AgNO_3$ 溶液、0.5mol/L H_2SO_4 溶液、0.5mol/L Na_2SO_4 溶液、0.5mol/L $BaCl_2$ 溶液、0.5mol/L Na_2CO_3 溶液、1mol/L $NH_3 \cdot H_2O$ 溶液、0.5mol/L $ZnSO_4$ 溶液、1mol/L NaOH 溶液、大理石、锌粒、酚酞试液、NH_4Cl 晶体、甲基橙试液、CH_3COONa 晶体。

【实验学时】

2 学时。

【实验方法与结果】

1. 强电解质和弱电解质

（1）在白色点滴板凹穴内分别滴入 4 滴 1mol/L HCl 溶液和 1mol/L CH_3COOH 溶液，用广泛 pH 试纸分别测定其溶液的 pH。说明两溶液的浓度相同而 pH 不同的原因。书写 HCl 和 CH_3COOH 的电离方程式。

（2）取 2 支试管，分别加入 1mol/L HCl 溶液和 1mol/L CH_3COOH 溶液各 3mL，再投入同样大小的大理石各 1 块。观察两试管中反应的快慢，解释原因。

2. 离子反应

（1）生成沉淀的反应：①取 2 支试管，分别加入 0.5mol/L HCl 溶液和 0.5mol/L NaCl 溶液各 2mL，再各滴入 2 滴 0.1mol/L $AgNO_3$ 溶液，观察现象。书写反应的离子方程式；②取 2 支试管，分别加入 0.5mol/L H_2SO_4 溶液和 0.5mol/L Na_2SO_4 溶液各 2mL，再各滴入 2 滴 0.5mol/L $BaCl_2$ 溶液，观察现象。书写反应的离子方程式。

（2）生成气体的反应：①取 1 支试管，加入 2mL 0.5mol/L Na_2CO_3 溶液，再滴加数滴 1mol/L HCl，观察现象。书写反应的离子方程式；②取 1 支试管，小心投入 1 颗锌粒，再加入 2mL 1mol/L HCl 溶液，观察现象。书写反应的离子方程式。

3. 同离子效应

（1）取 2 支试管，各加入 2mL 1mol/L NH$_3$·H$_2$O 溶液和 1 滴酚酞试液，在其中 1 支试管里加入少许 NH$_4$Cl 晶体，振荡后比较 2 支试管中溶液的颜色，解释原因。

（2）取 2 支试管，各加入 2mL 1mol/L CH$_3$COOH 溶液和 1 滴甲基橙试液，在其中 1 支试管中加入少许 CH$_3$COONa 晶体，振荡后比较两试管中溶液的颜色，解释原因。

4. 盐类水解

在白色点滴板凹穴内分别滴入 0.5mol/L NaCl 溶液、0.5mol/L Na$_2$CO$_3$ 溶液、0.5mol/L ZnSO$_4$ 溶液各 3 滴，用广泛 pH 试纸分别测出它们的 pH，填入下表，并说明原因。

溶液名称	pH	溶液酸碱性	原因
0.5mol/L NaCl 溶液			
0.5mol/L Na$_2$CO$_3$ 溶液			
0.5mol/L ZnSO$_4$ 溶液			

5. 缓冲溶液的制备和性质

（1）取 4 支试管，编为 1、2、3、4 号。

（2）按下表步骤分别在试管中加蒸馏水、1mol/L CH$_3$COOH 溶液、1mol/L CH$_3$COONa 溶液。

（3）用广泛 pH 试纸分别测出 4 支试管内液体的近似 pH，并填入表中。

（4）在 1、3 号试管中各加入 1 滴 1mol/L 盐酸，在 2、4 号试管中各加入 1 滴 1mol/L NaOH 溶液，振荡后再用广泛 pH 试纸分别测出 4 支试管内液体的近似 pH，并填入表中。

（5）比较加入少量酸或碱后溶液 pH 的变化情况，填入表中。

（6）写出 1、2 号两支试管中缓冲溶液抗碱、抗酸的离子方程式。

试管号	加入试剂的量	pH	加酸或加碱后的 pH	加酸或加碱前后 pH 的变化
1	2mL 蒸馏水 1mL CH$_3$COOH 1mL CH$_3$COONa 溶液		加 1 滴 HCl 后 pH =	
2	2mL 蒸馏水 1mL CH$_3$COOH 1mL CH$_3$COONa 溶液		加 1 滴 NaOH 后 pH =	
3	4mL 蒸馏水		加 1 滴 HCl 后 pH =	
4	4mL 蒸馏水		加 1 滴 NaOH 后 pH =	

【实验评价】

1. 浓度相同的 HCl 溶液和 CH$_3$COOH 溶液 pH 是否相同？为什么？

2. 怎样鉴别 AgNO$_3$ 溶液，有什么现象？

3. ZnSO$_4$、Na$_2$CO$_3$、NaCl 都是正盐，它们的水溶液是否都显中性？请按 pH 从小到大的顺序进行排列。

4. 在蒸馏水中加入少许强酸溶液或强碱溶液与在 CH$_3$COOH-CH$_3$COONa 溶液中加入少许强酸溶液或强碱溶液，它们的 pH 变化有什么不同？为什么？

（丁宏伟）

醇、酚、醛、酮的性质

实　验 7

【实验目标】

1. 验证醇、酚、醛、酮的主要化学性质。
2. 掌握各化合物化学性质的实验操作方法。
3. 培养严谨认真、细致观察的实验态度。

【实验准备】

1. 仪器：试管、试管架、试管夹、火柴、酒精灯、镊子、小刀、滤纸、石棉网、水浴锅、温度计、量筒。

2. 试剂：无水乙醇、金属钠、铜丝、苯酚、蒸馏水、1mol/L NaOH 溶液、1mol/L 盐酸、0.3mol/L $FeCl_3$ 溶液、饱和溴水、0.1mol/L $AgNO_3$ 溶液、2mol/L 氨水、乙醛、丙酮、费林试剂甲、费林试剂乙、希夫试剂、0.05mol/L 亚硝酰铁氰化钠溶液 10 滴。

【实验学时】

2 学时。

【实验方法与结果】

（一）醇和酚的性质

1. 醇的性质

（1）乙醇与金属钠的反应：取 1 支干燥试管，滴入 1mL 无水乙醇，镊子取一粒绿豆粒大小金属钠，滤纸吸干表面煤油，放入试管中，观察有无气体生成。用拇指堵住试管口，待反应结束，用点燃的火柴接近试管口，是否听到爆鸣声。指出生成的是哪种气体，写出化学反应式。

（2）氧化反应：取 1 支试管，滴入 2mL 无水乙醇，将一端弯曲成螺旋状的铜丝放在酒精灯火焰上烧至红热，迅速插入无水乙醇中，如此反复操作几次，观察铜丝表面变化，闻生成物的气味。写出化学反应式。

2. 酚的性质

（1）溶解性：取 1 支试管，加入少量固体苯酚，加 2mL 蒸馏水，振荡后观察现象。将试管加热，观察现象，解释原因。

（2）弱酸性：取 1 支试管，加入少量固体苯酚，加 2mL 蒸馏水，振荡得到浑浊液。逐滴滴加 1mol/L NaOH 溶液并振荡，直到溶液变澄清，解释原因，写出化学反应式。

在已变澄清的溶液中滴入 1mol/L 盐酸，振荡，观察现象并解释原因，写出化学反应方程式。

（3）显色反应：取 1 支试管，加入 1mL 苯酚溶液，再滴入 2 滴 0.3mol/L FeCl$_3$ 溶液，振荡，观察现象，解释原因。

（4）取代反应：取 1 支试管，加入 1mL 苯酚溶液，再逐滴滴入饱和溴水，振荡，观察现象，解释原因。

（二）醛和酮的性质

1. 醛的还原性

（1）银镜反应：取 1 支洁净的试管，加入 2mL 0.1mol/L AgNO$_3$ 溶液，再滴加 2mol/L 氨水，边加边振荡，直至生成的沉淀刚好溶解，制得托伦试剂（切勿过量）。将托伦试剂等分于两支洁净试管中，在第 1 支试管中滴加入 5 滴乙醛，第 2 支试管中滴加入 5 滴丙酮。把两支试管置于 60℃水浴上加热数分钟，观察试管内壁有什么现象，解释原因。

（2）费林反应：取 1 支试管，加入费林试剂甲、乙各 2mL，混匀，所得深蓝色溶液即为费林试剂。将费林试剂等分于 2 支试管中，在第 1 支试管中加入 10 滴乙醛，第 2 支试管中加入 10 滴丙酮，把 2 支试管放在沸水浴上加热 2min，观察现象，解释原因。

2. 与希夫试剂的反应

取 2 支试管，各加入 1mL 希夫试剂，再向第 1 支试管中加入 5 滴乙醛，第 2 支试管中加入 5 滴丙酮，观察两支试管中溶液的颜色有什么不同，解释原因。

3. 丙酮的显色反应

取 1 支试管，加入 2mL 丙酮和 10 滴 0.05mol/L 亚硝酰铁氰化钠溶液，再加 5 滴 1mol/L NaOH 溶液，观察现象。

【实验评价】

1. 鉴别醇与酚可选用哪些方法？
2. 怎样鉴别一元醇与多元醇？
3. 醛和酮的化学鉴别方法有哪些？
4. 银镜反应实验应注意什么？
5. 托伦试剂和费林试剂的主要成分是什么？

（郭　敏）

羧酸、糖类、蛋白质的性质

【实验目标】

1. 验证羧酸、蛋白质的主要化学性质。

2. 通过糖性质的实验，加深对糖的化合物性质的认识，进一步体会各类有机物的分子结构与其化学性质的关系，并掌握一些有机物的简单鉴定方法。

3. 学会蛋白质的分段盐析实验操作。

【实验准备】

1. 仪器：试管、试管架、点滴板、广泛 pH 试纸、蓝色石蕊试纸、酒精灯、火柴、铁架台、带导管橡皮塞、胶头滴管、恒温水浴锅、烧杯、滤纸、10mL 量筒。

2. 试剂：1mol/L 乙酸溶液、1mol/L 草酸溶液、1mol/L 氢氧化钠溶液、无水乙醇、冰醋酸、浓硫酸、饱和碳酸钠溶液、0.1mol/L $AgNO_3$ 溶液、2mol/L $NH_3 \cdot H_2O$、0.5mol/L 葡萄糖溶液、0.5mol/L 果糖溶液、0.5mol/L 麦芽糖溶液、0.5mol/L 蔗糖溶液、20g/L 淀粉溶液、班氏试剂、碘试液、浓盐酸、50g/L NaOH 溶液、鸡蛋蛋清 NaCl 溶液、半饱和硫酸铵溶液、鸡蛋蛋白溶液、药用酒精、20g/L 乙酸铅溶液、硫酸铵、无水碳酸钠、苯甲酸晶体、蒸馏水。

【实验学时】

2 学时。

【实验方法与结果】

1. 羧酸的酸性

（1）与酸碱指示剂作用：在点滴板的凹穴中，分别滴入 1mol/L 乙酸和 1mol/L 草酸溶液各 4 滴，用广泛 pH 试纸和蓝色石蕊试纸测试，观察试纸颜色变化，测其近似 pH。

（2）与碱反应：取 1 支试管，盛少许苯甲酸晶体，加 1mL 蒸馏水，振荡，在苯甲酸浑浊液中滴入数滴 1mol/L 氢氧化钠溶液至溶液澄清，试写出化学式。

（3）与碳酸盐反应：取试管 1 支，加少量无水碳酸钠，再滴入数滴 1mol/L 乙酸溶液，有什么现象？试写出化学式。

2. 羧酸的酯化

取 1 支干燥试管，加入 2mL 无水乙醇和 20 滴冰醋酸，再缓慢加入 10 滴浓硫酸，边加边振荡，混匀后，把装置连接好，导管口距饱和碳酸钠溶液面 1～2mm，用小火加热 3～5min

后停止加热。取下盛饱和碳酸钠溶液的试管，观察饱和碳酸钠溶液液面上生成物的状态和颜色，闻其气味。试写出化学反应式。

3. 糖的还原性

（1）与托伦试剂的反应：在 1 支试管内加入 2mL 0.1mol/L AgNO₃ 溶液，逐滴加入 2mol/L NH₃·H₂O 至沉淀刚好消失为止，即得托伦试剂；然后把托伦试剂平均分到 5 支试管中，再向 5 支试管中分别加入 5 滴 0.5mol/L 葡萄糖溶液、0.5mol/L 果糖溶液、0.5mol/L 麦芽糖溶液、0.5mol/L 蔗糖溶液、20g/L 淀粉溶液，放在 60℃ 的热水浴中加热数分钟，观察并解释发生的现象。

（2）与班氏试剂的反应：取 5 支试管，各加入 10 滴班氏试剂，再分别加入 5 滴 0.5mol/L 葡萄糖溶液、0.5mol/L 果糖溶液、0.5mol/L 麦芽糖溶液、0.5mol/L 蔗糖溶液和 20g/L 淀粉溶液，摇匀，放在 50~60℃ 的热水浴中加热 2~3min，观察并解释发生的现象。

4. 淀粉与碘的反应

在试管中滴加 1mL 20g/L 淀粉溶液，然后向试管中滴入 1 滴碘试液，振荡，观察颜色变化；再将此溶液稀释至淡蓝色，加热，再冷却，观察现象并加以解释。

5. 淀粉的水解

取 1 支大试管，加入 3mL 20g/L 淀粉溶液，再加入 2 滴浓盐酸，振荡，置沸水浴中加热 5min，每隔 1~2min 用滴管吸取溶液 1 滴，置点滴板的凹穴里，滴入 1 滴碘试液并注意观察，直至用碘试液检验不再呈现颜色时停止加热。然后取出试管，滴加 50g/L NaOH 溶液中和至溶液呈现碱性为止。取此溶液 2mL 于另一试管中，加入 1mL 班氏试剂，加热后观察有什么现象发生？说明原因并写出有关的化学反应式。

6. 蛋白质的性质

（1）蛋白质的盐析：取大试管 1 支，加入鸡蛋蛋清 NaCl 溶液及半饱和硫酸铵溶液各 5mL，振荡后静置 5min，观察是否析出球蛋白，说明原因；取上述浑浊液 1mL 于另一支试管中，加 3mL 蒸馏水，振荡，观察析出的球蛋白是否重新溶解，说明原因。

将剩余浑浊液用滤纸过滤，取澄清液 2mL，加入硫酸铵，直至不再溶解为止，观察析出的白蛋白是否重新溶解，说明原因。

（2）蛋白质的变性

①乙醇对蛋白质的作用：取试管 1 支，加入 1mL 鸡蛋蛋白溶液，沿试管壁加入 20 滴乙醇，观察两液面处有无浑浊？说明原因。②重金属盐对蛋白质的作用：取 2 支试管，各加入 1mL 鸡蛋白溶液，向第 1 支试管中滴入 5 滴 0.1mol/L 硝酸银溶液，向第 2 支试管中滴入 5 滴 20g/L 乙酸铅溶液，观察现象，说明原因。再向上述两支试管中各加入 3mL 蒸馏水，振荡，沉淀是否溶解？为什么？③加热对蛋白质的作用：取 1 支试管，加入 2mL 鸡蛋白溶液，用酒精灯加热，有什么现象？说明原因。

【实验评价】

1. 怎样鉴别乙酸与乙二酸？

2. 为什么酯化反应要加浓硫酸？

3. 怎样证明淀粉溶液已经完全水解？淀粉水解后要用氢氧化钠中和至碱性，再加班氏试剂，为什么？

4. 怎样检验葡萄、苹果、蜂蜜中是否含有葡萄糖？

5. 怎样区别盐析蛋白和变性蛋白？

6. 口服大量牛奶为什么能用于重金属盐中毒的解救？

（张春梅）

参 考 文 献

丁宏伟，宋海南，2012. 医用化学. 2 版. 南京：东南大学出版社

牛彦辉，2004. 化学学习指导. 北京：人民卫生出版社

綦旭良，2010. 化学实验与学习指导. 北京：科学出版社

薛金星，2012. 中学化学全解高中化学必修 1（人教实验版）工具版. 7 版. 西安：陕西人民教育出版社

薛金星，2012. 中学化学全解高中化学必修 2（人教实验版）工具版. 7 版. 西安：陕西人民教育出版社

薛金星，2012. 中学化学全解高中化学选修 4——化学反应原理（人教实验版）工具版. 6 版. 西安：陕西人民教育出版社

薛金星，2016. 中学化学全解九年级化学（上）（人教版）. 西安：陕西人民教育出版社

各章学习目标检测参考答案

第1章　卤　素

第1节　氯　气

（一）选择题

1. C　2. A　3. C　4. B　5. C　6. B

（二）填空题

1. 黄绿；有强烈刺激性；氯水

2.

3. 盐酸

4. HClO（次氯酸）

5. 次氯酸钙 $Ca(ClO)_2$；生成的次氯酸不稳定，易分解

（三）简答题

1. 不是。用氯气消毒的自来水中有次氯酸，目的是促进次氯酸分解。

2. 不是。氯气呈黄绿色；新制氯水呈黄绿色，久置氯水无色；盐酸无色。

3. 燃烧不一定非要有氧气参加，任何发光发热的剧烈化学反应，都可以称为燃烧，如铁和氯气的反应。

第2节　卤　族　元　素

（一）选择题

1. B　2. A　3. B　4. C　5. A

（二）填空题

1. 7；得到1个；–1价；非金属

2. 固；I_2

3. $F_2 > Cl_2 > Br_2 > I_2$

4. $HF > HCl > HBr > HI$

（三）简答题

1. 相同点：卤素元素最外层均为7个电子，易得到1个电子，形成–1价阴离子。

　　不同点：从氟到碘电子层数依次增大。

2. 化学活泼性 $Cl_2 > Br_2 > I_2$，化学方程：

$$2NaBr + Cl_2 = 2NaCl + Br_2$$

$$2KI + Cl_2 = 2KCl + I_2$$

$$2KI + Br_2 \Longrightarrow 2KBr + I_2$$

3. $\overset{0}{Cl_2}$　$\overset{-1}{HCl}$　$\overset{+1}{HClO}$

4. 取上述三种溶液于三支干净的试管中，分别滴加 $AgNO_3$ 溶液，稍振荡，三支试管分别有白色、浅黄色、黄色沉淀生成，再向试管中滴加稀硝酸溶液，沉淀不消失。

$$KCl + AgNO_3 \Longrightarrow KNO_3 + AgCl\downarrow（白色）$$
$$KBr + AgNO_3 \Longrightarrow KNO_3 + AgBr\downarrow（浅黄色）$$
$$KI + AgNO_3 \Longrightarrow KNO_3 + AgI\downarrow（黄色）$$

结论：有白色沉淀生成的，对应的原溶液是 KCl。有浅黄色沉淀生成的，对应的原溶液是 KBr。有黄色沉淀生成的，对应的原溶液是 KI。

（陆　梅）

第2章　物质结构和元素周期律

第1节　原　子

（一）选择题

1. A　2. B　3. A　4. C

（二）填空题

1. 略

2. $^{12}_{6}C$，$^{14}_{6}C$；$^{40}_{20}Ca$，$^{41}_{20}Ca$；$^{14}_{6}Ca$ 和 $^{14}_{7}N$

第2节　元素周期律和元素周期表

（一）选择题

1. C　2. C　3. D　4. A

（二）填空题

1. 减小；减弱；增强；减弱；减弱；增强

2. 增大；增强；减弱；减弱；增强；减弱

（三）简答题

略

第3节　化　学　键

（一）选择题

1. D　2. D　3. C　4. A

（二）填空题

1. 相邻两个或多个原子之间的强烈相互作用

2. 阴、阳离子间通过静电作用形成的化学键；活泼金属与活泼非金属；①原子相互得失电子形成稳定的阴、阳离子②离子间吸引与排斥处于平衡状态③体系的总能量降低。

3. 原子间通过共用电子对所形成的；非金属元素与非金属元素；①不稳定要趋于稳定②体系能量降低

4. 共价键；离子键

5. NH_3；KCl；$NaOH$

（三）简答题

略

（李　勤）

第3章　溶　液

第1节　物　质　的　量

（一）选择题

1. A　2. D　3. A　4. C　5. D

（二）填空题

1. 物质的量；6.02×10^{23}；$6.02 \times 10^{23} mol^{-1}$

2. 12g 或 1mol

3. 1.204×10^{23}

4. 79；79g/mol

5. 147g；3；6；1.5

6. 40g/mol

（三）简答题

1. 答：摩尔质量与相对原子质量或相对分子质量的联系是：摩尔质量，如以 g/mol 作单位时，与相对原子质量或相对分子质量在数值上相等。

摩尔质量与相对原子质量或相对分子质量的区别是：摩尔质量是绝对量，有单位，常用单位是 g/mol；相对原子质量或相对分子质量是相对量，无单位。

2. 答：H_2SO_4 可以表示四个方面的含义：①表示硫酸；②表示硫酸是由氢、硫和氧三种元素组成的；③表示一个硫酸分子；④表示一个硫酸分子是由两个氢原子、一个硫原子和四个氧原子构成。

3. 答：物质的量是构建微观粒子和宏观物质联系的桥梁，可将用个数表达的微观粒子与用质量表达的宏观物质联系起来。

（1）物质的量（n）、基本单元数（N）与阿伏伽德罗常量（N_A）三者之间的关系如下：

$$物质的量 = \frac{基本单元数（粒子数）}{阿伏伽德罗常量}$$

（2）物质的量（n）、物质的质量（m）与摩尔质量（M）三者之间的关系如下：

$$物质的量 = \frac{物质的质量}{摩尔质量}$$

这两个公式分别表达了物质的量与基本单元数的关系及物质的量与物质的质量的关系，从而推导出下面的式子：

$$物质的质量 = \frac{基本单元数(粒子数)}{阿伏伽德罗常量} \times 摩尔质量$$

物质的质量与微观粒子通过物质的量建立了联系。

第 2 节　溶液的浓度

（一）选择题

　　1. A　2. B　3. D　4. C　5. C　6. D　7. A

（二）填空题

　　1. 质量浓度；物质的量浓度；溶质的体积分数；溶质的质量分数

　　2. 0.154mol/L；56g/L

　　3. 正常值；低血糖；高血糖

　　4. 在稀释浓溶液时，溶液的体积发生了变化，但溶液中溶质的量不变，即在溶液稀释前后，溶液中溶质的量相等；$c(浓溶液) \times V(浓溶液) = c(稀溶液) \times V(稀溶液)$

　　5. 物质的量浓度；质量浓度

（三）简答题

　　1. 答：这样做配制溶液的浓度不准确；会造成所配的溶液浓度小于要求配的溶液浓度，因为加水时不慎超过了刻度线后把水倒出，倒出的溶液中含有溶质，所以再加水会造成实际浓度减小。

　　2. 答：根据稀释公式计算可知需要 2mol/L NaCl 溶液的体积是 25mL。

　　3. 答：物质的量浓度与质量浓度之间的换算为 $\rho_B = c_B M_B$ 或 $c_B = \dfrac{\rho_B}{M_B}$。

物质的量浓度与溶质的质量分数之间的换算为 $c_B = \dfrac{\omega_B \rho}{M_B}$ 或 $\omega_B = \dfrac{c_B M_B}{\rho}$。

　　4. 溶液的配制和稀释的一般分为下面几个步骤：①计算；②称量或量取；③溶解或稀释；④转移；⑤定容；⑥备用。

第 3 节　溶液的渗透压

（一）选择题

　　1. B　2. C　3. B　4. D　5. D　6. C　7. A

（二）填空题

　　1. 等渗溶液；高渗溶液；低渗溶液

　　2. 280～320mmol/L；280mmol/L；320mmol/L

　　3. 308；278；298；等渗

（三）简答题

　　1. 答：红细胞的渗透浓度在 280～320mmol/L 范围内，2.78mol/L 葡萄糖溶液的渗透浓度是 2780mmol/L；相对于红细胞，2.78mol/L 葡萄糖溶液是高渗溶液，红细胞中的水分子会透过红细胞膜逐渐向外渗透，从而造成红细胞逐渐萎缩。

　　2. 答：大量补液要使用等渗溶液的原因是红细胞只有在等渗溶液中才处于正常状态；用高渗溶液作静脉注射时需要注意：用量不能太大，注射速度要缓慢，否则易造成体液局部高渗引起红细胞皱缩，造成患者的危险状况；高渗溶液浓度越大，滴注速度应越慢；当高渗溶液缓慢注入体内时，可被大量体液稀释成等渗溶液。

　　3. 答：非电解质由于在溶液中不发生电离，1 个分子就是 1 个粒子，所以非电解质溶液的渗透浓度等于溶液浓度，即 $c_{os} = c_B$；强电解质由于在溶液中发生完全电离，使溶液中的粒子数成倍的增加，所以强电解质溶液的渗透浓度大于溶液浓度，即 $c_{os} > c_B$。

（丁宏伟）

第4章　化学反应速率和化学平衡

第1节　化学反应速率

（一）选择题

1. B　2. D　3. B

（二）填空题

1. 单位时间内的某种反应物浓度的减少或某种生成物浓度的增加量；mol/(L·s)；mol/(L·min)；mol/(L·h)

2. 浓度；压强；温度；催化剂

3. 降低温度，化学反应速率减慢

4. 温度升高，化学反应速率增大

5. 2

第2节　化　学　平　衡

（一）选择题

1. A　2. C　3. C　4. D

（二）填空题

1. 可逆反应

2. 浓度；压强；温度

3. "等" "动" "定" "变"

4.（1）向右；（2）向左

（三）简答题

（1）增大 N_2 和 H_2 的浓度或减小 NH_3 的浓度。

（2）吸热反应。

（3）减小压强。

（冯文静）

第5章　电解质溶液

第1节　弱电解质的电离平衡

（一）选择题

1. B　2. A　3. C　4. C　5. C　6. B　7. C

（二）填空题

1. 电解质；非电解质；强电解质；弱电解质

2. ①②③④⑧；⑦⑨；⑤⑥

（三）简答题

1. 硫酸＞盐酸＞乙酸

2. 加入盐酸，乙酸电离平衡逆向移动；加入氢氧化钠，乙酸电离平衡正向移动；乙酸钠或盐酸

第 2 节　水的电离和溶液的酸碱性

（一）选择题

1. D　2. C　3. C　4. A　5. C

（二）填空题

1. $=10^{-7}$mol/L；$=7$；$>10^{-7}$mol/L；<7；$<10^{-7}$mol/L；>7

2. 减小；增大；0

3. 7.35～7.45；小于 7.35；大于 7.45

4. $H_2O \rightleftharpoons H^+ + OH^-$；$K_w = c(H^+) \cdot c(OH^-)$

5. 广泛 pH 试纸

（三）简答题

1. 不对。如果某酸为二元强酸或弱酸，物质的量浓度就不是 0.01mol/L。

2. 12

第 3 节　盐类的水解

（一）选择题

1. B　2. C　3. A　4. A　5. B

（二）填空题

1. 离子；H^+；OH^-；弱电解质

2. 酸；碱

3. 碱性；酸性；中性

4. 酸

5. 大于 7

（三）简答题

1. 乳酸钠水解显碱性，氯化铵水解显酸性。

2. $NaHSO_4$ 是强酸的酸式盐，电离出 H^+，溶液显酸性；$NaHCO_3$ 是弱酸的酸式盐，HCO_3^- 水解，溶液显碱性。

第 4 节　缓 冲 溶 液

（一）选择题

1. C　2. B

（二）填空题

1. 酸；碱；pH；缓冲溶液

2. 弱酸及其对应的盐；弱碱及其对应的盐

3. CH_3COONa；CH_3COOH；$NH_3 \cdot H_2O$；NH_4Cl

4. 7.35～7.45；碳酸-碳酸氢盐；碳酸氢盐；碳酸

（三）简答题

$$CH_3COOH\text{-}CH_3COONa$$

$$CH_3COOH \rightleftharpoons H^+ + CH_3COO^-$$
$$CH_3COONa \Longrightarrow Na^+ + CH_3COO^-$$

$$CH_3COO^- + H^+ \text{（外来）} \rightleftharpoons CH_3COOH$$
$$CH_3COOH + OH^- \text{（外来）} \rightleftharpoons CH_3COO^- + H_2O$$

抗酸成分：CH_3COONa

抗碱成分：CH_3COOH

（张自悟）

第6章　烃

第1节　有机化合物概述

（一）选择题

1. D　2. B　3. B　4. C　5. A　6. D　7. C　8. C

（二）填空题

1. 碳；氢；氧；硫；磷；卤素

2. 碳原子成键及碳原子连结形式的多样性；大量同分异构体的存在

（三）判断题

1. ×　2. √　3. ×　4. √　5. ×

第2节　烷　烃

（一）选择题

1. D　2. C　3. B　4. D　5. C　6. D

（二）填空题

1. 碳元素；氢元素　2. 单键；碳链；饱和链烃

3. 结构；CH_2原子团　4. 稳定性；可燃性；取代反应

（三）判断题

1. ×　2. ×　3. √　4. ×　5. √

（四）命名或写结构式

1. CH_4　2. $-CH_3$　3. $-CH_2CH_3$

4. $CH_3-CH_2-\underset{\underset{CH_3}{|}}{CH}-\underset{\underset{CH_2CH_3}{|}}{CH}-CH_2-CH_3$

5. 2,2-二甲基丁烷　6. 2,2-二甲基-4-乙基己烷

（五）完成下列反应方程式

1. $2CH_3-CH_3 + 7O_2 \xrightarrow{\text{点燃}} 4CO_2 + 6H_2O$　2. $CH_4 + Cl_2 \xrightarrow{\text{光照}} CH_3Cl + HCl$

第 3 节　烯烃和炔烃

（一）选择题

1. B　2. B　3. B　4. A　5. A　6. D

（二）填空题

1. 碳碳双键；碳碳三键　　2. 碳碳双键；不饱和链

3. 碳碳三键　　4. 乙炔

（三）命名或写结构式

1. $CH_2 = CH_2$

2.

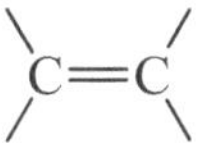

3. $CH \equiv CH$

4. $-C \equiv C-$

5.

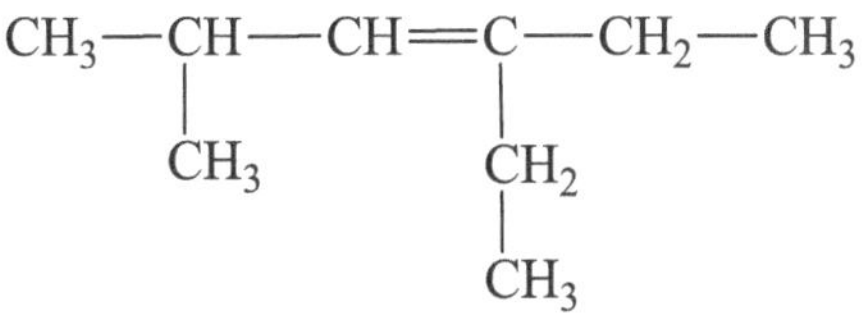

6.

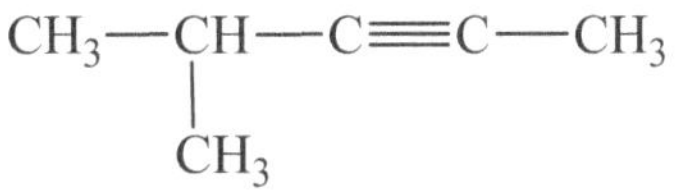

7. 3-甲基-2-乙基-1-戊烯

8. 3,4-二甲基-1-戊炔

（四）完成下列反应方程式

1. $CH_3 - CH_2 - CH_3$

2.

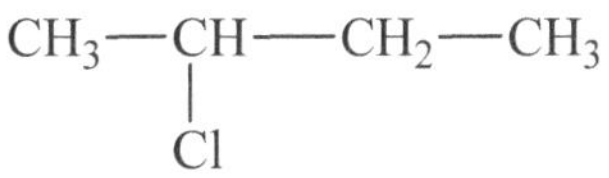

第 4 节　闭　链　烃

（一）选择题

1. D　2. C　3. D　4. D　5. A　6. C

（二）填空题

1. 苯环　　2. 芳香烃基

（三）判断题

1. ×　2. √　3. ×　4. ×　5. ×

（四）命名或写结构式

1.  　2.  　3.  　4. 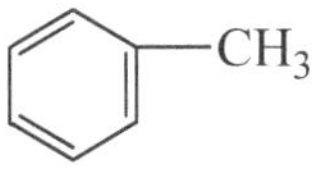 　5. 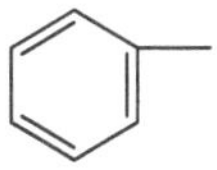 或 $-C_6H_5$

6. 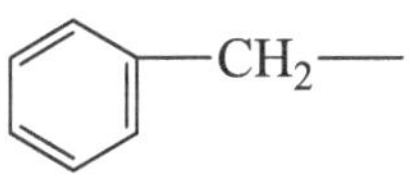 　7. 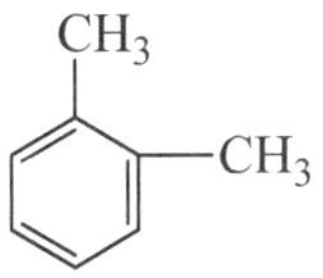 　8. 1,3,5-三甲苯或均三甲苯

（五）完成下列反应方程式

1.

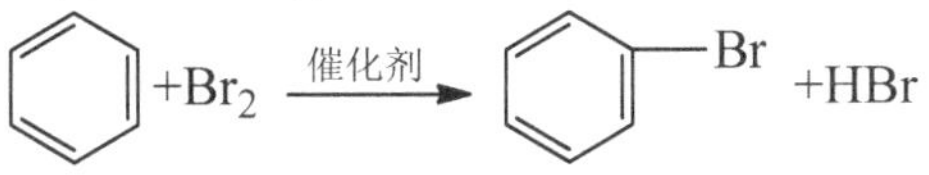

2.

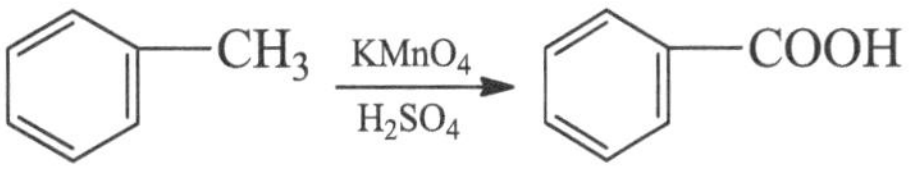

（瞿川岚）

第7章 醇、酚、醚

第1节 醇

（一）选择题

1. D 2. B 3. B 4. A 5. A

（二）填空题

1. 酒精；甲醚

2. $C_nH_{2n+2}O$；CH_2OHCH_2OH；$CH_2OHCHOHCH_2OH$

3. 分子内脱水（消去）；乙烯；

$$CH_3-\underset{\underset{OH}{|}}{\overset{\overset{H}{|}}{CH_3}} \xrightarrow[170℃]{浓H_2SO_4} CH_2=CH_2 + H_2O$$

（三）简答题

名称	体积分数（φ_B）	用途
无水乙醇	0.995	作为化学试剂或溶剂
药用酒精	0.95	配制碘酊，浸制药酒，燃烧灭菌
消毒酒精	0.75	消毒杀菌，使蛋白质脱水变性
擦浴酒精	0.25～0.50	退热降温，用于高热患者擦浴

第2节 酚

（一）选择题

1. D 2. D 3. D 4. C 5. B

（二）填空题

1. —OH；芳环

2. 酒精

3. 3；煤酚；50%

第3节 醚

（一）选择题

1. C 2. B 3. D

（二）填空题

1. C、H、O；含氧衍生物

2. R—O—R′

（栗　源）

第8章 醛和酮

第1节 醛和酮的结构、分类和命名

（一）选择题

1. B 2. C

（二）填空题

1. 脂肪醛、脂肪酮；芳香醛、芳香酮；脂环醛、脂环酮；脂肪醛；芳香醛；脂环酮

2. 饱和醛、饱和酮；不饱和醛、不饱和酮；饱和酮；不饱和醛

3. 一元醛、一元酮；多元醛、多元酮

（三）命名

1. 3-甲基丁醛　　　　2. 5-甲基-5-己烯-3-酮　　　　3. 2-羟基苯甲醛

4. 4-羟基-3-甲氧基苯甲醛　　　5. 3-苯基-2-丁烯醛

（四）写结构式

1. $CH_3CH_2\overset{\displaystyle CH_3}{\underset{}{CH}}CHO$　　2. 　　3. $CH_3\overset{\displaystyle CH_3}{\underset{}{CH}}CH_2\overset{\displaystyle O}{\overset{\|}{C}}CH_3$

4. $CH_3CH_2\overset{\displaystyle CH_2CH_3}{\underset{\displaystyle CH_3}{CH}}CHCHO$　　5. $CH{=}CH{-}CHO$

第2节　醛、酮的性质和常见的醛、酮

（一）选择题

1. B　2. B　3. A

（二）填空题

1. 醛；酮

2. 托伦试剂；费林试剂或班氏试剂

3. 脂肪醛；芳香醛；酮

4. 紫红；不显色

5. 丙酮；亚硝酰铁氰化钠；氢氧化钠；鲜红

（三）完成下列化学反应式

1. $CH_3CHO\ +\ H_2\ \xrightarrow{\ Ni\ }\ CH_3CH_2OH$

2. $CH_3\overset{\displaystyle O}{\overset{\|}{C}}CH_3\ +\ H_2\ \xrightarrow{\ Ni\ }\ CH_3\overset{\displaystyle OH}{\underset{}{CH}}CH_3$

（四）用化学方法鉴别下列各组物质

1. 乙醛、苯甲醛、丙酮 ——托伦试剂 水浴加热——{ 有银镜生成、有银镜生成、无银镜生成的是丙酮 } ——费林试剂 水浴加热——{ 有砖红色沉淀产生的是乙醛；无沉淀产生的是苯甲醛 }

2. 丙醛、丙酮、1-丙醇 ——加金属钠——{ 无气体产生、无气体产生、有气体放出的是1-丙醇 } ——亚硝酰铁氰化钠和氢氧化钠溶液——{ 无显色的是丙醛；显鲜红色的是丙酮 }

（郭　敏）

第9章　羧酸和取代羧酸

第1节　羧　酸

（一）选择题

1. B　2. C　3. D　4. A　5. A

（二）填空题

1. 醋酸；预防感冒的作用

2. 脂肪酸；芳香酸；饱和酸；不饱和酸；一元酸；二元酸；多元酸

（三）简答题

1. 答：蚁酸的学名是甲酸；被蜜蜂叮咬后用清水冲洗，再用弱碱如小苏打水或肥皂水中和处理。

2. 答：食醋的主要成分是乙酸；在房间熏蒸有预防感冒的作用。

第2节　取代羧酸

（一）选择题

1. D　2. A　3. C　4. D　5. C　6. A

（二）填空题

1. 阿司匹林；解热镇痛和抗风湿作用

2. 羟基；羧基；酮基；羧基

3. α-羟基丙酸；$CH_3—CH(OH)—COOH$；$CH_3—CO—COOH$；丙酮酸

4. β-羟基丁酸；β-丁酮酸；丙酮

（三）简答题

1. 答：乙酰水杨酸又名阿司匹林，可作为内服药。具有解热镇痛和抗风湿作用，还可预防和治疗心脑血管疾病等。

2. 答：酮体是人体中脂肪代谢的中间产物，包括β-羟基丁酸、β-丁酮酸和丙酮3种成分。

3. 答：乳酸学名为α-羟基丙酸，结构简式为$CH_3—CH(OH)—COOH$；乳酸的钠盐乳酸钠在临床可用作纠正酸中毒。

（舒　雷）

第10章　酯和油脂

第1节　酯

（一）选择题

1. D　2. A　3. C

（二）填空题

1. $R—\overset{O}{\underset{\|}{C}}—O—R_1$；$—\overset{O}{\underset{\|}{C}}—O—$

2. （1）$C_6H_5CH_2COOCH_3$　（2）$HCOOC_2H_5$

3. （1）乙酸乙酯　（2）甲酸苯酯

（三）简答题

酯的水解反应速率慢，反应不完全，可以加入少量酸或碱作催化剂，加快酯的水解速率。

第 2 节　油　脂

（一）选择题

1. A　2. B　3. C　4. D　5. C

（二）填空题

1. 油；脂肪；高级脂肪酸脱水

2. 水解；氧化；低级醛、酮和羧酸等

3. 甘油；高级脂肪酸

（三）简答题

为防止油脂的酸败，油脂应储存在密闭的容器中，且要保持阴凉干燥和避光。也可加适当的抗氧剂，以抑制酸败。

（张春梅）

第 11 章　糖　类

第 1 节　单　糖

（一）选择题

1. C　2. D　3. A　4. B　5. A

（二）填空题

1. 醛基；羟基；酮基；羟基

2. 碳；氢；氧；两个羟基；丙醛糖；丙酮糖

3. C_2；C_3；C_4；C_5；16；3 位碳原子上；右侧

4. α-D-葡萄糖；β-D-葡萄糖；α 型；β 型

5. 吡喃糖；呋喃糖

6. 糖苷基；配糖基；糖苷基；配糖基

（三）简答题

答：哈沃斯式书写规则：①成环的原子在同一平面，氧原子标出，碳原子以折点表示；②当成环碳原子按顺时针方向排列时，环状费歇尔投影式左边羟基写在环上方，右边羟基写在环下方；③与环上碳原子相连的氢原子可以写出，也可以省略；④粗线表示原子更接近观察者，细线表示离观察者远。

第 2 节　双　糖

（一）选择题

1. A　2. C　3. D　4. D　5. B

（二）填空题

1. 蔗糖；麦芽糖；乳糖；$C_{12}H_{22}O_{11}$；同分异构体

2. 水解；D-葡萄糖；D-果糖；还原性；增色剂

3. 半乳糖；葡萄糖；葡萄糖

（三）简答题

答：因为蔗糖是由葡萄糖的半缩醛羟基与果糖的半缩醛羟基脱水形成的，蔗糖分子中已无醛基，不能被托伦试剂、费林试剂和班氏试剂所氧化，没有还原性。

麦芽糖和乳糖是由一个单糖分子的半缩醛羟基与另一分子单糖的醇羟基脱水形成的，其分子中仍保留一个半缩醛羟基，能被托伦试剂、费林试剂和班氏试剂所氧化，具有还原性。

第3节　多　糖

（一）选择题

1. B　2. D　3. C

（二）填空题

1. 相对分子质量；高分子化合物；$(C_6H_{10}O_5)_n$

2. 无甜味；溶于水；有机溶剂；还原性；旋光性；单糖

3. D-葡萄糖；α-1, 4-糖苷键；D-吡喃葡萄糖；α-1, 4-糖苷键；D-吡喃葡萄糖；α-1, 6-糖苷键

（三）简答题

答：人的消化道中无水解 β-1, 4-糖苷键的纤维素酶，人不能消化纤维素，也就不能以纤维素为营养来源。食草动物具有分解纤维素的 β-1, 4-糖苷键水解酶，因此可以以纤维素为营养来源。

（丁宏伟）

第12章　杂环化合物和生物碱

第1节　杂环化合物

（一）选择题

1. A　2. A

（二）填空题

1. 碳原子；非碳原子

2. 五元；六元

（三）简答题

1. 咪唑　2. 吡啶　3. 嘧啶

第2节　生　物　碱

（一）选择题

1. D　2. A　3. C

（二）填空题

1. 生物体内；生理活性；含氮；难溶；易溶；易溶；难溶

2. 苦味酸、鞣酸；碘化铋钾；碘化汞钾；磷钨酸

（三）简答题

略

（张春梅）

第 13 章　氨基酸与蛋白质

第 1 节　氨　基　酸

（一）选择题

1. B　2. C　3. C　4. D

（二）填空题

1. 羧酸；氨基；羧基；氨基；两性

2. 两性离子；等电点；pI

3. α-氨基酸；
$$R-\overset{\overset{\alpha}{|}}{\underset{\underset{NH_2}{|}}{CH}}-COOH$$

第 2 节　蛋　白　质

（一）选择题

1. A　2. B　3. D　4. C

（二）填空题

1. C；H；O；N（或碳；氢；氧；氮）

2. 连接方式和排列顺序

3. 加热、高压、超声波、紫外线、X 射线；强酸、强碱、重金属盐、乙醇、苯酚

4. 羧；氨

（侯晓红）